国家社会科学基金艺术学项目
非物质文化遗产青少年传承研究

课题研究成果

U0301793

冯琳 何志攀 杨娜 著

華夏有衣

走进汉服文化

开明出版社

文化鑄今古
禮儀安邦國

丙申春月 柳斌

礼儀之邦
衣冠上國

丙申年冬 余輝書

序

大凡提及中华的传统文化，大家都会联想到四书五经、唐诗宋词，联想到书法绘画、京昆雅韵，再或者，联想到"四大发明"或故宫长城。在一些学校考察的时候，时常会听到从教室里传来朗读着《三字经》《弟子规》的童稚雉音。从近些年国家提倡和重视传统文化的教育和推广工作以来，我们的确看到了一些令人欣喜的成果——人们对传统文化的重视程度越来越高，各种书院、传习所如雨后春笋纷纷涌现；中小学也开始逐渐自觉提炼学校的文化精髓，各种来自古代经典中的名言、警句成为校训或者是学校的文化理念；孔子学院和孔子课堂也在世界各地生根发芽，吸引了众多的中国文化爱好者。

但是在这些欣欣向荣的景象背后，我个人还是有一些隐忧，特别是当看到那些小孩子们刚刚背完《三字经》《百家姓》《千字文》，就捧起《论语》《大学》，甚至《周易》，开始阅读甚至背诵的时候，总会感到错愕：一个刚刚能以儿歌的方式背完"三、百、千"的孩子，如何能够在似懂非懂间，一步跨越到解读半部就可以治天下的《论语》，或者让许多专家学者呕心沥血研究一辈子的《周易》呢？再由此联想到，那些对中华文化感兴趣的外国友人们，他们究竟是迷恋绚丽的神话、传奇的侠义，抑或是九州的美食、精致的器物……我们是否真正了解？

这个现实反映在出版物中，就更加明显。书店里摆放在儿童读物区的《弟子规》或《三字经》的品种和版本，要远多于成人阅读区内的同类书籍；如果是一个对传统文化感兴趣的中学生，在国学书籍区域内，多半买不到匹配阅读水平的书籍。这就像一个刚刚学会加减乘除的小学生，马上就灌之以微积分，总给人揠苗助长的感觉。说到底，很多人对"传统文化"的理解失之肤浅。传统文化并非仅指那些束之高阁的典籍、曲径回廊的园林、石碑镌刻的文字、厅堂戏楼的吟哦，它更应该是一种生活方式、一种烟火气息。前面提及的那些，都只是传统文化的某个载体、某种体现，远非文化的全部。

循着这个思路，我们还可以继续叩问：古人为何可以成贤成圣，文字为何可以成经成典，诗词歌赋何以传诵千年依旧风流动人……这些问题值得我们深思，值得我们去探究促成这一切的因素。除了时代的变迁，古人和我们并没有更多的不同，不会不食人间烟火或是只着霓裳羽衣。除去丝竹管弦、颠沛流离的日子，他们的岁月依然是恪守着中国人"衣食住行"这个最基本的四字生活准则——也正因为这四个字，才使得中华文化一脉相承。

很欣慰，有一群年轻的教师们已经注意到这个问题，他们开始从服饰和礼仪着手，探索今古相通的传承规律和生活方式。应该说，在华夏服饰与华夏礼仪中，凝聚着中华民族的精神内涵：端庄典雅，宽容博大，自信傲岸，仪态万方，体现出一派清静闲雅的诗意栖居。他们着力从服饰、礼仪这些具体的角度管窥中华传统文化，不仅选择了正确的方向，而且字里行间饱含着他们对传统文化深沉的热爱。我想这已经足够了！作为希望能为弘扬中华文化做点实事的年轻人，他们的作品很好地在儿歌与经典、在凡人和圣贤之间搭建起一座充满生活气息的桥梁，也算稍稍地消除了我当初的一些隐忧。我总相信，中华传统文化博大精深，只要传承之路的方向没有错，并且能够不断发扬光大，谁说当今不会再出圣人？

谨以此序，对他们的坚持和努力表示钦佩和鼓励！

教育部原总督学、原国家教委副主任 柳斌
2016年8月

序

《华夏有衣》与《华夏礼仪》两本书放到我面前的时候，脑海中立时浮现的是两个汉字偏旁——"衣"和"示"。这两个偏旁曾经困扰过很多孩子，也让教师在教学过程中颇为费神。往往到了最后，总结出来的规律就一条："觉得"与衣服有关的就是"衣补旁"，其他的则是"示字边"。按说这条规律倒也管用，可以解决 90% 的有关这两个部首混淆的问题；再加上如今早已经进入电脑打字时代，只要汉语拼音的拼写过关，那真是想写错字都难。

不过在一些必须手写汉字的场合（比如考试、现场填表等），提笔忘字、下笔错字的情况仍屡屡发生，其中不乏"读书破万卷"的成年人。比如，"初"和"褐"，每每有人把它们错写成示字边，其实就是上面所说的规律导致的思维定式——怎么看都觉得这两个字与"衣服"没有关系——既然不是衣补旁，那就少加一点吧！于是，很多人就这样糊里糊涂地写错了。

当然，我在这里想说的并不是关于规范汉字的问题，而是由这种错字现象引发的一系列的思考：应该以什么样的方式给孩子们传递更深层次的文化？如何让这些知识融会贯通，激发孩子们的探究兴趣？

作为教师，我们深知"兴趣是最好的老师"，而学习兴趣，既可以起源于完成艰巨任务时的欢天喜地，也可以来自于实现既定目标后的酣畅淋漓，还可以发端于纠正经年谬误时的恍然大悟。举例来说，当你发现"初"字在古代就指裁衣服的剪刀时，也许会如醍醐灌顶一般，再不纠结于这个字的偏旁部首。同样的道理，当你了解了"禮""禘""祗"这些字是和祭祀典礼有关的各种活动时，想必再也不会把它们写错认错。

由此开始，你可能会对中国文化的演变和发展产生浓厚的兴趣。如果说帝王祭祀等活动离你尚且遥远，那么，衣食住行中排在首位的"衣"，在中华文明史上的变迁或许会吸引到你。对"民以食为天"的中国人来说，"衣"的重要性竟然超过了"食"，你是否会疑惑为什么祖先如此之看重自己的形象？隐约中，你是否会发现这与我国自诩"礼仪之邦"之间存在某种必然的联系？这些问题，我们都可以在这两本书中找到答案。

作为重要的非物质文化遗产，传统服饰和传统礼仪是打开中华传统文化之门的两把钥匙。促成这两本书的顺利出版，也是世界遗产青少年教育中心在国家社科基金课题"非物质文化遗产的青少年传承研究"引领下的成功实践。我把这两本书推荐给热爱传统文化的人们，尤其是中学生，相信读者会在书中发现一片崭新的天地，感受文字背后那种更贴近我们的人文情感！

世界遗产青少年教育中心主任　袁爱俊

2016年10月28日

触摸衣冠 传承华夏

近代以来我国的传统文化日渐式微，随着21世纪以来我国综合国力的上升，中华文化也踏上了复兴之路，"弘扬传统文化""传承国学经典"的口号可以说是越喊越响。但口号喊起来容易，做起来却并非如此。究竟如何让祖先的智慧在现代重绽光芒，如何将公众的实践上升到现代化的理论高度，如何让传统文化的内涵与外延、形式与内容为当代中国的文化建设发挥作用，都成了各界热烈探讨的话题。

在这个过程中，中华传统文化中最表层、最显著、最容易传播的那部分——汉服，这件尘封了六个甲子的汉家衣裳，也逐渐抖落了厚厚的尘埃，重返公众视野。与此同时，浮现在世人面前的，还有那群峨冠博带的年轻人，他们希望以汉服复兴为载体，让世人重新审视我们的民族文化。

汉服，即汉民族服装，又称华夏衣冠。衣冠对于一个民族而言，从来都不是一件小事。在古书的记载中，诸如"衣冠南渡"、"冠冕堂皇"、"万国衣冠拜冕旒"等词汇和诗句，都是在用着装来形容汉民族的特征。作为文明的一种表现，汉服的文化蕴意是深厚的。从"衣冠上国"的历史美称到"垂衣裳而天下治"的政治寓意，足以看出服饰对这个民族和文明的重要意义。因此，汉服复兴可以说是直面整个民族的身份认同，直面中华民族的传统文化复兴，直面映射"文化中国"的民族崛起的一场"启蒙运动"。

正如汉服复兴的口号"华夏复兴、衣冠先行"一样，虽然弘扬传统文化并不能单纯靠这一件衣服，但对于文化，服饰却是其中重要的组成部分。服饰历来被称为"人类的第二皮肤"，不同的传统服饰框定了不同的民族共同体，可以在视觉意识上最直观的表现这个民族的民族意识，同时也是他人了解这个民族的最直接途径。

衣冠之重生，从来不是一件易事。

它不仅需要一批不辞辛劳的身体力行

者向世人展现服饰之美，更需要的是对背后整套文化理论体系进行再造与重构，包括艺术、生活乃至审美的诸多部分。"始于衣冠、达于博远"，"重整衣冠、再造华夏"，这才是汉服复兴的意义之所在。

回顾汉服运动十余年的发展历程，它的参与人数之多、涉及范围之广、视觉效果之强，发展速度之快，使它不仅成了中国社会中引人注目的一道靓丽风景线，也成了当代中国社会中一项颇为重要、广受公众关注并引发了诸多讨论的社会思潮和文化复兴实践。同时，它也在点滴蔓延之中，吸引着越来越多的人加入，人们逐渐尝试让这件古老的服饰回归民众的日常生活。可以说，在当代文化复兴的浪潮之中，汉服运动走出了一条实践之路。只是这条复兴之路，看似风生水起，实则举步维艰、任重道远。因为文化的复兴绝对不是简单的、机械的复古，而应致力于探索如何让中华优秀的传统文化与全球化、现代化发展方向合拍，让古老的优美文化焕发新的生命力。

本书以传统服饰为主体，涉及传统服饰背后的文化内涵以及当代汉服的复兴实践。涵盖了当代汉服的概念、意义、穿着、礼仪等基本问题，以及汉服的源流、冠服制度等历史纵深；对汉服基本款式进行了分类说明，并涉及冠、履、配饰、图案、配色等相关问题；通过青春校园中衣冠复兴的热情实践，展望青年一代的文化复兴实践以及当代青年人对复兴道路的认真思考。本书力图在服饰史学者研究成果的基础上，将汉服复兴十余年来的探索与思考加以梳理，勾勒出汉服文化的基本框架。由于服饰史研究领域的许多问题在理论上众说纷纭，在传承复兴实践中也争论颇多，本书主要采用汉服复兴中的常见说法。

本书出版前夕，我们欣喜地看到中共中央办公厅、国务院办公厅印发了《关于实施中华优秀传统文化传承发展工程的意见》，其中特别提到："实施中华节庆礼仪服装服饰计划，设计制作展现中华民族独特文化魅力的系列服装服饰。"这是汉服复兴发展要面对的重大课题。希望通过本书，让人们可以重新认识与审视我们祖先留下的华美服章。同时也期待其中的实践模式和方法，为传承弘扬包括中华服饰文化在内的优秀传统文化，带来具有可行性的参考案例。

吾心安处是华夏。衣冠，归来兮。

杨娜（兰芷芳兮）
北京市光华路中央电视台

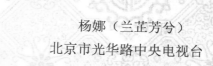

目录

第一篇 衣冠上国

第一章 重回华夏

"曾经有一个时代叫汉唐，曾经有一条河流叫长江，曾经有一对图腾叫龙凤，曾经有一件羽衣名叫霓裳。"这句为汉服的现状发出的呐喊，来自一篇流传很广的文章。汉服，即汉民族的传统服饰。她美丽、大方，寄托着华夏儿女的传统美德与理念。穿越古今，向我们娓娓道来那一段璀璨华章……

第一节 汉服探幽

提起日本，我们会想到和服；提到韩国，我们会想起韩服；越南有奥黛，印度有纱丽；而在很多正式场所都要穿的西装，是欧美文化的结晶。那么我们中国呢？我国是统一的多民族国家，在中国各民族中，满族有旗装，藏族有藏袍，苗族有苗族服饰……作为中国人口最多的民族，也是世界上人口最多的民族——汉族的民族服饰又应该是什么呢？

2009年第十一届亚洲艺术节·中国各民族之花合影（图中人物杨娜授权使用）

一、民族服装

要搞清楚这个很多人都会犯难的问题，让我们先从"民族服装"这个概念的产生说起。人类自古以来就有"天下一家"的理想，然而由于各地自然、社会环境的差异，现实中往往"百里不同风、千里不同俗"。生活习俗、思维方式接近的人群长期生活在一起，逐渐形成了民族。各个民族在漫长的历史时期形成了独特的服饰传统。当时不同民族之间交流有限，像今天这样全世界的人身穿类似样式服装的场景，古人是难以想象的。我们现在所说的民族服装，来源于古人日常穿着的服装。

清代《职贡图》绘制的壮族（左）与瑶族（右）装束

工业革命前后，西方国家在物质文明、精神文明等各方面取得了领先地位，并且在全世界扩张势力。面对前所未见的强大现代文明，西方以外的古老国家一时间好像只剩下了两条路：要么抱残守缺，反抗到底；要么"与狼共舞"，全盘西化。有些国家选择了前者，封闭落后，最终沦为西方列强的殖民地；也有一些国家选择了后者，在拥抱现代制度、科技的同时却也否定了自己的过去。具体到服装领域，新发明的纺织机器大大降低了制作服装的成本。但这些机器本就针对西式服装设计，西式服装伴随着机器生产与商品倾销推广到全世界，只是时间问题。

1925 年，土耳其革命领袖凯末尔以激烈的手段完成了颇具象征意义的土耳其服饰革命。针对浓厚的宗教氛围和僵化保守的落后反动势力，他颁布命令，要求所有政府人员必须穿戴西装与礼帽，禁止非神职人员穿着宗教袍服或佩戴宗教徽记，禁止所有男子戴土耳其礼帽。他带头脱下军服，换上西服，以为国民表率。通过这种方式，土耳其告别过去，走向了现代化的道路。

随着第一次世界大战的爆发，西方中心主义者的美梦破灭了。人们开始意识到，西方现代文明本身也有缺陷。与此同时，越来越多的东方国家察觉到，现代文明很大程度上植根于欧洲的思想传统，"移植"起来并不像农作物那样便捷。于是不少人号召大众深入发掘本土思想的价值。在这样的气氛下，不同于西式装束的传统服饰也就有了新身份——民族服装。

清代《万国来朝图》中的各国服装

　　人们往往是通过"他者"界定自己。例如"和服"在德川幕府以前常称作"着物"，"和服"称谓是与西洋文化接触中兴起的概念。现代韩服特指的是李氏朝鲜时代定型的民族衣装。1897年大韩帝国（前身为李氏朝鲜王国，1897改制称帝国）成立后，开始依国名称韩服。

二、岂曰无衣

　　知道了民族服装的由来，之前的疑问也许更深了：为什么其他民族都有自己独特的传统服饰，历史悠久的汉族却没有呢？是因为汉族不重视服装吗？

　　其实，在我们的心中，总是有那么一个影子——峨冠博带、衣袂飘飘。这是我们对汉唐盛世的感怀，是我们对悠久传统的向往，是一个炎黄子孙深藏于

童年的追寻（百度汉服吧 宋军遗民 绘）

血脉中的认同感与归属感。我们感喟，传统如何飘零于现代，我们追寻，努力地怀念着这份悠久的情怀，探寻着这传统之美在现代生活中的烙印与轨迹。

（南唐）顾闳中《韩熙载夜宴图》（局部）

2012 年，诺贝尔文学奖得主莫言为去斯德哥尔摩穿什么而伤透了脑筋。按照诺奖颁奖典礼的传统，男士是应该穿燕尾服或本民族服装的。莫言本打算入乡随俗，穿最正统的燕尾服去，但很多读者认为莫言应该穿着有特色的民族服装。有人举例说，日本第一位诺贝尔文学奖得主川端康成，1968 年赴斯德哥尔摩领奖时穿的就是一袭和服，获奖词《我在美丽的日本》讲的也是本民族的文化。而此时莫言要穿民族服装的话，究竟穿什么？大家莫衷一是。

直到有一天，"汉服"这个名称被人重新忆起，多年的疑惑涣然冰释——原来，汉族并非"赤裸"的民族，汉服就是汉族的传统服饰，也是中国的代表性服饰。汉服，又称汉衣冠、华夏衣冠、汉装、华服、衣冠、衣裳等。它是从轩辕黄帝起，以汉族（及其前身华夏族）的礼仪文化为基础，通过自然演化而形成的具有独特民族文化风貌性格的服饰体系。

汉族是中国的主体民族，也是世界上人口最多的民族。"汉"原指天河、宇宙银河，《诗经》云："维天有汉，监亦有光。"汉族旧称"华夏"或"诸夏"。"汉人""汉民"原为周边国家、民族对汉朝国民的称呼。魏晋南北朝以后，"汉人"开始成为族群的新称号。随着近代民族国家概念传入中国，"汉族"这一称呼逐渐产生。

说到"汉服"，很多人出于直觉将其理解为"汉朝服装"。这自有其缘由，但如同"汉人"这个概念一样，"汉"的含义经历了一个从"朝代"到"民族"的转变。汉朝时"汉服"指的是"汉朝服饰"，而汉朝以后主要指"汉族服饰"。今天的"汉服复兴"，复兴的当然不是"汉朝服饰"，而是"汉民族服饰"。

"汉服"一词类似于"汉语""汉字"等，是为了与"他者"相区别而形成的概念。古代无须与其他民族的服饰区分时，就径称"衣裳、衣冠、冠裳"等，正如汉字以前多只称"文、字"。

"汉服"这一词汇，已知最早的文物记载是马王堆出土的西汉简牍，"美人四人，其二人楚服，二人汉服。"已知最早的文献记载是西汉蔡邕《独断》中的"通天冠：天子常服，汉服受之秦，《礼》无文。"最早的正史记载则是《汉书》里的"后数来朝贺，乐汉衣服制度。"这里的"汉服"还是指汉朝的服装礼仪制度。

汉朝的礼仪制度由汉儒依据夏商周三代礼制所定。儒学主张继承西周礼法，以衣冠制度为国家大事，从而代代相传，形成独具特色的汉民族服饰体系。由于汉朝在历史上的重大影响，"汉"逐渐从朝代名变为民族名，进而影响了一系列冠以"汉"的名词。

宋代孟元老的笔记《东京梦华录》卷六记载了元旦朝会的情景。其中"诸国使人，大辽大使顶金冠，后檐尖长，如大莲叶，服紫窄袍，金蹀躞；副使展裹金带，如汉服。"这里的汉服就是指汉民族服饰了。《辽史》："辽国自太宗入晋之后，皇帝与南班汉官用汉服……其汉服即五代、晋之遗制也。"金朝金熙宗甚至"循汉俗，服汉衣冠，尽忘本国言语"。元代修《辽史》时，专门辟金朝"汉服"条，与契丹人的传统服饰相区分。

如同其他民族服装一样，汉服是一个具有历史传承性的服饰体系。汉服自形成以后直至明朝末年，尽管受到其他民族服饰的影响，但其变化都是同一个服饰体系内部的演变和发展，可谓"一脉相承、因时而变"。

正如汉语从古到今，无论语音、词汇，甚至语法都发生了巨大的变迁，大量外来用语融入汉语，但这仍是一种语言的传承演变。作为民族服装的汉服在不同时期、不同地域各有特色，如汉唐雄风异于魏晋风流，也只是各时代流行风尚、品种样式、习惯穿法等的不同，这一服饰体系仍然在传承中。清代及以后的服装不是传统汉服的自然传承延续，虽然其中继承了汉服的部分元素，但基本上属于"另起炉灶"或另有传承，故而不属于汉服。就像中国许多少数民族语言，引入了大量的汉语成分，但显然不能说它们就变成了汉语。

汉服是民族服装，不是"古装"。汉服和古装的概念存在交集，但不能混为一谈。民族服装关注"族群"；古装则区分"时代"。民族服装是不断发展的，它既有过去，也有现在，更有未来。"古装"则单指"过去"时间段的服饰，并且并不限于汉族，历史上各民族的古代服饰都可以是"古装"。

我们在历史书上、古装剧里都见识过汉服。尧舜禹汤、孔孟老庄哪个穿的不是汉服呢？之所以"相见不相识"，就是源于笼而统之的"古装"概念所造成的"遮蔽"效应。"古装"概念使人们把汉服定位在"过去时"，甚至将其与"封建""复古""倒退"等相提并论；"古装"混同了历史上的各种服装，包括与汉服并无"一脉相承"关系的旗袍、马褂等。至于在历史服饰的基础上加工而成的影视服装、戏服等，则与汉服相去更远。

三、衣冠远去

既然汉服在中国有着近四千年的历史，为何今天人们对其如此陌生呢？这就要从三百七十多年前说起了。

1644年（明崇祯十七年），甲申之变[1]、明清易代。清朝在与南明的战争中，为了削弱被统治民族的民族认同感，压制人民的反抗，大力推行"剃发易服"

---

[1] 明朝末年内忧外患，李自成、张献忠等势力起兵造反，建立"大顺""大西"等政权；辽东的建州女真部首领努尔哈赤建立"后金"，后皇太极改号为"清"，并不断侵扰明朝。崇祯十七年（1644年）三月十九日，李自成为首的大顺军攻入北京，崇祯帝自尽殉国。清军随即趁乱入关，占领北京，并进而侵吞整个明朝。一系列的战乱，造成百姓生灵涂炭，中华文明、社会发展等亦受到重大创伤。这一系列事变，史称"甲申之变""甲申之难""甲申国难"等。

政策，暴力强迫蒙古族（不包括厄鲁特蒙古）、汉族以及其他南方少数民族改剃满族发型，改穿满式服装，"留头不留发，留发不留头"。这一政策遭到被统治民族的激烈反抗，使暂时平稳下来的中华大地狼烟四起。福州遗民所撰《思文大纪》写道："时剃头令下，闽左无一免者。金钱鼠尾，几成遍地腥膻。""华人髡为夷，苟活不如死！"（顾炎武《断发》诗）。清朝统治者并未悔改，反而通过"嘉定三屠""江阴之屠"等一系列大屠杀行为，进一步加强控制。

在与屠杀和压迫抗争了几十年之后，随着南明政权的失败，汉服最终从华夏大地上消失。清代的服饰、发型在屠刀、血泊中被固定下来。不过作为中华文化重要象征的华夏衣冠并没有被彻底遗忘，它不仅在海外被不断追忆，而且在现实生活中也留下了若干痕迹。但对于大多数中国人而言，汉服已成为陌生的事物。

2015年11月8日乙未年江阴抗清三公祭典（塑像左起冯厚敦、阎应元、陈明遇）
（江阴延陵汉魂汉服社 供图）

第二节 衣冠之重

既然已经过去这么多年了，为何到今天我们又要复兴汉服呢？没有民族服装固然尴尬，重新设计一套不行吗？要理解复兴汉服的必要性，我们得先走进先民的精神世界，看看他们对衣冠的执着追求。

一、衣冠上国

据《论语》记载，颜渊曾向孔子询问治国之道，孔子回答说："行夏之时，

《孔子圣迹图》（局部）

乘殷之辂，服周之冕"（即：实行夏朝的历法，采用商朝的交通工具，穿着西周的衣冠）。夏朝历法贴近农时，孔子重民事，所以主张用夏历，我们今天使用的农历在规定正月时就参考了夏历。殷商的车子简单、质朴，孔子尚质，所以主张乘殷车。冕是礼帽，此处代表衣冠，孔子尚礼，所以主张传承西周的衣冠制度。

衣冠之于华夏，从来都不是一件小事。

《周易·系辞下》有云："黄帝、尧、舜垂衣裳而天下治"。自五帝时华夏文明包括华夏服饰形成，经夏商的发展到周公制礼作乐而大备。特别是服饰被纳入了"礼治"的范围，成了礼仪的表现形式，中国的衣冠服制更加详备。从此，"衣冠上国"与"礼仪之邦"的称谓开始相伴流传。汉服因此具有了双重的身份，不仅仅是汉民族的民族服装，还成为华夏的标志、文明的象征，东方世界所称羡的上国衣冠、中华气象自此而来。

衣冠是华夏民族难以释怀的情结；"布帛可衣"更是很早便被列为生民之本。因为服饰在华夏文化中，除了"避寒暑、御风雨、蔽形体、遮羞耻、增美饰"等一系列通行的实用功能外，还有着"知礼仪、别尊卑、正名分"等特殊意义。

（明）《徐显卿宦迹图》（局部）

"夏，大也。中国有礼仪之大，故称夏；有服章之美，谓之华。华、夏一也。"[2] 由此可见，古人以服饰华采之美为华，以文明的道德礼仪为夏。正因为汉服是"中华正统"的重要标志，故历代汉人王朝都坚持华夏衣冠制度。而其他民族政权则在"胡服"与"汉服"之间徘徊：穿着"胡服"是标榜民族本位，穿着汉服则是标榜

2　此语是对《左传·定公十年》中孔子"裔不谋夏，夷不乱华"观点的注释，出自唐代《五经正义》之《春秋左传正义》。《五经正义》由唐代孔颖达等奉命主持编定，现存《十三经注疏》中。

唐代《春秋左传正义》中"华夏"释义

"中华正统"。

北魏孝文帝改革的重要内容之一，就是改说汉语、穿汉服、姓汉姓。金朝天会年间下令"剃发易服"，不如金人式者死，许多忠烈之士坚决不从而殉身。明太祖推翻元朝、定鼎南京后，随即下令易回华夏之服——"壬子，诏复衣冠如唐制"。清朝入主中原，依然打了衣冠的主意，屠刀砍断了汉人最后的坚守，汉家衣冠遭受重大磨难。

"甲申之难"、清兵入关，所引发的激烈反抗很大程度上就是因为"剃发易服"。此令一下，问题就从开始的一家一姓之更替，变成了顾炎武所说的"天下兴亡"，捍卫服制就成为捍卫民族文化千秋祖业的象征。正如彼时一位孔子后裔所说："定礼之大者，莫要于冠服，先圣之章甫缝掖，子孙世世守之，是以自汉迄明，制度虽各有损益，独臣家服制，三千年未改"。中华之所以为"礼仪之邦"，除无形的文化精神之外，有形的文化成果里面最有标志性的就是冠服了。

（唐）杜牧《河湟》："牧羊驱马虽戎服，白发丹心尽汉臣。"

（宋）文天祥《真州杂赋》序："一入真州，忽见中国衣冠，如流浪人乍归故乡，不意重睹天日至此。"

（明）太祖朱元璋《谕中原檄》："方欲遣兵北逐胡虏，拯生民于涂炭，复汉官之威仪。"

汉字、儒学、律令制度等是整个中华文化圈的共同标志，服饰作为文化最外显的表现也是如此。因此，所有中华文化圈里的国家，如朝鲜、日本、琉球、越南等，无不采用汉服作为自己民族服装的基础，所以，我们很容易就能从和服、韩服之中找到汉服的影子。

日本服装：和服

古代日本的服装被称为"着物"。和服有的源于中国，有的则源自本土。江户时代的《装束要领抄》指出："（和服）沿唐衣服而其制大同小异益。本邦通中华也始

日本江户时代浮世绘中的服饰

于汉，盛于唐世时。朝廷命贤臣因循于往古之衣冠而折中于汉唐之制，其好者沿焉不好者革焉而为。本邦之文物千岁不易之定式也。"在日本，出席传统礼仪、节日等场合时，日本人都会穿上和服参加。又有"吴服"一词，意为从中国的吴地（今江浙一带）传来的服装。

韩国服装：韩服

朝鲜半岛的民族服装，南方称"韩服"，北方称"朝鲜服"。现代韩服于李氏朝鲜时代定型，在20世纪又进行了一些较大的改动。李氏朝鲜深受明朝影响，进行了汉化，女子服装受到明代袄裙和唐代齐胸襦裙的影响，初期衣带在右侧，后来移到较中间的位置并加粗、加长，上襦亦缩短；而男子的着装则在明朝服饰的基础上融入自己的民族审美和特色。明清易代之后，朝鲜得以保留了明制服饰，清初有朝鲜人到中国时曾让见者潸然泪下。半岛南北分治以后，北方以素雅和简朴为主，而南方则较追求线条的清晰笔直。

清代《职贡图》中的朝鲜服饰（左：朝鲜官员，右：朝鲜民人）

越南服装：越服

历史上越南中北部长期为中国领土，古称交趾、安南。五代时独立，但长期是中国的藩属国（有宋一朝还延续"静海军节度使"称号）。在服饰上，尤其是

清代《职贡图》中的越南服饰（左：越南官员，右：越南民人）

宫廷礼服，皇帝、大臣的朝服，几乎就是中国汉族王朝宫廷礼服，皇帝、大臣朝服的翻版。越南末代皇帝保大所着之弁冠、兖服，与明朝宗藩服饰如出一辙。如汉族帝王的正式礼服——冕旒兖服，明代皇帝的冕旒是十二旒的，越南是六旒的。

琉球服装：琉装

琉球王国最初是指历史上在琉球群岛建立的山南（又称南山）、中山、山北三个国家的对外统称，后来指统一的琉球国（1429—1879）。中国与琉球的宗藩关系有五百多年之久，后琉球被日本非法侵占。琉装是琉球民族的传统民族服装，成形于琉球王国时代，特征是交领、右衽、衣袖较宽大、衣带结于前方，庶民女性服饰偶有左衽。据记载，琉球人在派遣官生到明朝国子监读书后大量仿效汉家衣冠，这是后世琉装的雏形。"二战"后，琉装常服发展得更接近和服样式，但所用的布料、染色技法等仍然具有与和服不同的特征。

清代《职贡图》中的琉球服饰（左：琉球官员，右：琉球民人）

《日人答宋真宗问》[3]

君问吾风俗，吾风俗最纯。衣冠唐制度，礼乐汉君臣。

玉瓮储新酒，金刀剖细鳞。年年二三月，桃李一般春。

"华夏有衣，襟带天地"，汉服不仅是汉民族传统服饰，也是中国的代表性服饰。它由汉民族创造，曾深深地影响了中国，乃至整个东亚世界。它的巨大影响力和独特审美魅力，使其成为我们宝贵的财富。我们怎么能够忘却它，怎么能够眼看着它离开中华？

"寻找传统文化的真精神，是在各方面同时寻找，而服饰的困惑和痛感在其中最重，'汉人服饰'的找寻与'传统文化'的寻找，两条线索在360年前的历史中交汇，我们终于寻回了'汉族之服'——汉服。汉服揭示了一个秘密，一个'真正的华夏'的秘密，汉服——汉族之服——真正的华夏衣冠，引领我们进入了陌生而又熟悉，浩瀚瑰丽的汉文明——华夏文明的画卷。

3 这首诗据说是日本使者面见宋朝皇帝时所作，一说是越南使者。时代也有人认为是明代。

这是一片雾霭重重、尘封已久的精神故园，天地玄纁，清新的泥土中埋藏着我们民族的魂魄。

触摸衣冠，始知华夏，华夏复兴，衣冠已然先行。

垂衣裳而天下治，衣冠整而礼仪齐。华夏衣冠历来引领着整个华夏文明的起落沉浮，华夏复兴，衣冠必然先行。"

——溪山琴况《始自衣冠，达于博远——再论汉服运动》

二、且看今朝

汉服首先是一件服饰，它应该成为人们日常生活的一部分；汉服是中国传统审美的成果，它也应该帮助今天的我们欣赏和感悟美；汉服还是中国传统文化的载体，故而是中华文化复兴发展的重要着力点；汉服更是汉民族乃至整个中华民族的象征，是我们形成民族认同感的重要标志。服饰是为人服务的，在生活中，每个人都可以各取所需，让服饰为自己的生活增光添彩。但是由于汉服的历史地位，汉服的复兴，并不仅仅是一种服饰的归来，还具有更大的意义。

汉服具有三重身份：汉民族传统服饰、中国的代表性服饰、东亚服饰的蓝本，它也成为汉文明、中华文明、东亚文明的代表和象征。中华文明的伟大复兴，需要各领域、各方面的努力，服饰及其承载的文化是其中重要的组成部分。汉服的复兴，是华夏文明的文化自觉与文化自信的重新获得。"华夏复兴、衣冠先行"，"始于衣冠、达于博远"，我们可以从汉服着手，推进整个华夏文明的复兴。

首先，要重整衣冠、再兴华夏，重建"礼仪之大，服章之美"的独特人文风貌。

"历史之中，衣冠之重生，从来不是一个轻松的课题。

因为衣冠往往是更宏大的复兴的先行者，衣冠的沉沦，揭示的是华夏的不再，欲重建华夏，必先重整衣冠；而没有华夏整体的再造，衣冠也没有独立复兴的可能——而这，正是汉服运动风生水起、如火如荼而又步履维艰的原因。

我们要复兴的，仅仅是一件漂亮衣服么？不是，我们穿起这件衣服，是为了以此为起点，再造整个华夏。这正是千千万万汉服复兴者投身此一事业的初衷。

'礼仪之大，章服之美'，是为'华夏'。让我们耳熟能详的这句话，是我们时隔360年之后重建真正的'华夏'概念的精彩启蒙。然而这只是一句最华丽的概括，却不是广博厚重的'华夏'的全部。

华夏，是华夏－汉民族独立创造的一个完整、系统、深厚、博大的文明体系，是人类文明中独立的一极。华夏是我们的根脉所在，300多年来中国的枯萎，正是因为根脉的断裂。

'华夏'究竟是什么？

——是华夏生活方式：华夏衣冠（综合承载华夏文明的汉服）、华夏食饮（礼俗合宜、卫生优雅的华夏饮食文化）、华夏建筑人居（清雅大度、气韵生动的汉族建筑艺术）、华夏礼仪（礼仪之邦的礼仪生活与生命礼俗）、华夏岁时节日（农耕民族重天节农时、祈福保健、和谐天人、团圆温馨的优美的节庆生活）；

——是华夏艺术与审美：汉语文学、华夏乐舞、华夏美术、华夏戏剧、琴道、棋道、花道、弓道、武学……

——是华夏生产经济与科技技艺：农耕文明传统、民族科技文化、华夏医药……

——是华夏制度文明：政治制度与社会治理思想，军事，华夏教育思想……

——是华夏思想与精神：儒、释、道，诸子百家，华夏道德（超越一家的学术倡导为全民族几千年传承的民族气质、风骨与美德），华夏史观（对于华夏自身，对于中国历史的看法）

……

始自衣冠，达于博远。我们要复兴的，正是厚重如斯。"

——溪山琴况《始自衣冠，达于博远——再论汉服运动》

其次，要重建自强不息的民族精神，再造华夏文明的创造能力。复兴不是复古，而是要在继承历史文化遗产的基础上"一脉相承而又与时俱进"，以复兴的精神独立地开创文明日新的未来。

"汉服运动非但不是复古运动，恰恰是一种继承基础上的求新运动。

复古是文化的守旧，复兴是文明的求新；复古是懒惰的袭用，复兴是批判地继承；复古对祖先膜拜至地，心中却没有真正的敬畏，复兴是捧读先人的话语，心里充满无限的感恩。

复古，认为先人的文明不可超越，也无须超越。复兴，认为先人伟大的文明必须超越，苟日新，日日新。

复古是躲藏祖先的身后以避风雨，复兴是从祖先身后一步步走来，独立地开创文明的前景。"

——溪山琴况《华夏复兴、衣冠先行——我心中的"汉服运动"》

第三，面对全球化的冲击，汉服作为中华文化的代表之一，反映了中国人"以自己解释自己"的意愿，有助于体现人类文明的多样性。

自从 20 世纪 80 年代末 90 年代初以来，整个世界格局发生了重大的转变，资本主义与社会主义的斗争陷入低潮，以往被意识形态的斗争所掩盖的其他矛盾纷纷凸显。不同于人们的普遍认识，全球化大潮并没有使人类走向大同，也没有引起又一轮全球范围的革命斗争高潮，反而激发了人们的"寻根"意识，重新寻找自己对民族国家的认同，即接续被西方的扩张所打断的历史。中国同样如此，在完成救亡图存的任务以及经济有了一定发展之后，重建民族国家、恢复民族自信，被人们所迫切期望。汉服复兴就产生于这一历史背景下。当然"寻根"过程中传统的精华和糟粕都纷纷重新出场，这就需要我们认真辨别。

第四，汉服不仅是中华文化的象征，还代表着汉族文化。要以汉服的复兴为一个切入点，促进汉文化的复兴，从而带动整个中华文化的复兴。

《中华人民共和国宪法》："中华人民共和国各民族一律平等。各民族都有使用和发展自己的语言文字的自由，都有保持或者改革自己的风俗习惯的自由。"汉族是中国人口最多的民族，汉文化是中华文化的主干。中华文化的繁荣兴盛，必然需要包括汉文化在内的各民族文化的发扬光大。

需要注意的，提倡汉文化是否意味着大汉族主义呢？显然不是。所谓"大汉族主义"，属于民族沙文主义的体现，即宣传本民族的优越论，对其他民族采取歧视、排斥、压迫等极端行为。提倡和弘扬本民族文化，既可以走向与其他民族相互尊重，共同发展，也可能走向排斥异己、党同伐异。故而弘扬民族文化，需要坚持正确的文化发展方向。既要反对虚骄自大的民族沙文主义、大民族主义，又要反对自卑怯懦的民族虚无主义、逆向民族主义和故步自封的封闭主义、保守主义。要在平等和尊重的基础上，弘扬自尊自信、自强不息、传承文明又勇于创造的民族精神。

正如有人所说的：

"歌颂屠杀、民族自虐、混淆黑白、反转乾坤，这样的汉民族又如何赢得真正的尊重，如何自立于中国，挺立于世界，如何真正承担起捍卫、团结、引领、复兴中国的责任？

用千年汉文化的阳光，涤荡民族几百年的心理阴暗，只有堂堂正正面对过去，才能顶天立地地面对未来。复兴华夏，也正是要重建正义、正气、有信仰、有抱负、有坚守的华夏史观。"

——溪山琴况《始自衣冠，达于博远——再论汉服运动》

第五，汉服复兴源于民间，特别是年轻人的参与、推动。汉服复兴体现了民间力量的生长，民间智慧的觉醒，有助于推动社会的进步。

"我们欲复兴的，是我们民族传统文化中的优秀部分，而不是无原则地通盘继承。专制时代的等级制度、忠君思想、青天情结，已被人类社会的普适价值所淘汰，君所憎者，亦我所憎者。……

自主、独立、平等、权利、法治，君所重者，亦我所重者。

以虔敬的态度学习、以自我的头脑反思、以理性的精神鉴别、以谨慎的态度扬弃，在与社会各界观点激荡、意见交流、实践反馈的基础上，努力成为当代公民社会的积极的、建设性的力量，就是我们汉服复兴者自我期许的目标。"

——溪山琴况《复兴汉服与公民意识并不矛盾》

汉服不是一个终点，而是一个起始。它指向一个深入学习、重新认识、理性继承、谨慎创新的过程。汉服不是包治百病的良药，"华夏复兴，衣冠先行"，绝非"华夏复兴、穿衣就灵"。汉服作为民族文化重要的载体、符号与象征，与公民意识、民主法治等并无本质的冲突和矛盾，它们可以相互促进、相辅相成，共同促进中国社会的发展进步。

拓展阅读：所谓伊人，在水一方 [4]

文：方哲萱（"天涯在小楼"）

当我登上那古老的城墙，当我抚摸着腐朽的柱梁，当我兴奋地倚栏远望，总会有一丝酸涩冲上喉头，总听到有一个声音大声地说：记得吗？你的祖先名叫炎黄。

有人跟我说，曾经有一条大鱼，生活在北冥那个地方，它化作一只巨鸟，在天地之间翱翔。巨鸟有如垂天之云般的翅膀，虽九万里亦可扶摇直上。圣贤赋予我们可以囊括天宇的胸襟，为我们塑造一个博大恢宏的殿堂。

---

4 作者方哲萱，网名"天涯在小楼"，致力于弘扬传统文化，现在苏州开办乐谦学堂。其文章《一个人的祭礼》《所谓伊人，在水一方》在网络上广为流传，影响很大。本文又名《为汉服的浅吟低唱》《记得吗，你的姓名叫炎黄》等。

华
夏
有
衣

走
进
汉
服
文
化

那时候，有个怪异的青年名叫嵇康，他临刑前，弹奏了一曲绝响，那宽袍博带在风中飞扬，他用了最优雅的姿态面对死亡。几千年过去，依旧有余音绕梁，只是他不知道，真正断绝的不是曲谱，而是他的傲骨，乃至他身上的衣裳。

我也曾梦回大唐，和一个叫李白的诗人云游四方，他用来下酒的是剑锋上的寒光，他的情人是空中的月亮。我曾见他在月下徘徊、高歌吟唱，长风吹开他的发带，长袍飘逸宛如仙人模样。

可是后来换了帝王，他用一杯酒捧起了文人，摒弃了武将。他的子孙最终躲进了人间天堂，把大片的土地拱手相让。然而在寒冷的北方，正有一支军队征战沙场，敌人都说，有岳家军在，我们打不了胜仗。可叹英雄遭忌，谗士高张，一缕忠魂终于消散在西湖之旁，一个民族的精神就这么无可逆转的消亡。然而血色夕阳中，我依稀见到，有人把它插进土壤，那是将军用过的，一支宁折不弯的缨枪。

时间的车轮悠悠荡荡，终于在甲申那里失了方向。于是瘦西湖畔，梅花岭上，为纪念这个悲剧建起一座祠堂。那个叫史可法的文弱书生，他不愿散开高束的发髻，更不能脱去祖先留给他的衣裳，于是他决定与城共存共亡，丢了性命，护了信仰。残酷的杀戮，如山的尸骨，并不能把民族的精神埋葬，有人相信，千百年后，它依然会在中华大地上熠熠发光。

就在千百年后的今天，我坐进麦当劳的厅堂，我穿起古奇牌的时装，我随口唱着 my heart will go on，却莫名其妙的心伤，因为我听到一个声音大声说：忘了吗？你的祖先名叫炎黄。我记得了，一群褐发蓝眼的豺狼，带着坚船利炮，拆了我们的庙宇，毁了我们的殿堂。

于是百年之后的今天，我们懂得民主自由，却忘了伦理纲常，我们拥有音乐神童，却不识角徵宫商，我们能建起高楼大厦，却容不下一块功德牌坊，我们穿着西服革履，却没了自己的衣裳。

在哪里，那个礼仪之邦？在哪里，我的汉家儿郎？为什么我穿起最美丽的衣衫，你却说我行为异常？为什么我倍加珍惜的汉装，你竟说它属于扶桑？为什么我真诚的告白，你总当它是笑话一场？为什么我淌下的热泪，丝毫都打动不了你的铁石心肠？

在哪里，那个信义之乡？在哪里，我的汉家儿郎？我不愿为此痛断肝肠，不愿祖先的智慧无人叹赏，不愿我华夏衣冠倒靠日本人去宣扬。所以，我总有一个渴望，有一天，我们可以拾起自己的文化，撑起民族的脊梁。记住吧，记住吧，曾经有一个时代叫汉唐，曾经有一条河流叫长江，曾经有一对图腾叫龙凤，曾经有一件羽衣，名叫霓裳！

资源链接

1. 现代研究

（1）沈从文：《中国古代服饰研究》，上海书店出版社，2011 年

（2）周锡保：《中国古代服饰史》，中央编译出版社，2011 年

（3）周星：《汉服运动：中国互联网时代的亚文化》，《ICCS 现代中国学ジャーナル》第 4 卷第 2 号

（4）杨娜（兰芷芳兮）：《汉服归来》，中国人民大学出版社，2016 年

（5）张梦玥：《汉服略考》，西南师范大学历史系学术论文，2005年发表于香港《语文建设通讯》（第80期）

2. 网络资料

（1）溪山琴况：《华夏复兴、衣冠先行——我心中的"汉服运动"》《始自衣冠、达于博远——再论汉服运动》《说说"古装"和"汉服"的异同》，天汉民族文化网

（2）蒹葭从风：《长风盈袖，思怀满襟——感言华夏衣冠》，天汉民族文化网

（3）天涯在小楼：《一个人的祭礼》《所谓伊人，在水一方》（又名《为汉服的浅吟低唱》），发表于汉网

（4）杨娜（兰芷芳兮）：《汉服运动大事记》（2003年至2013年），百度汉服吧

重回华夏

第二章　衣冠威仪

唐代《尚书正义》曰："冕服华章曰华，大国曰夏"。可见，古人以服饰柔美典雅为华；以疆界广阔、文明道德兴盛为夏。华夏，这个古老的文明，其服章之华美、礼仪之博大令人叹为观止。

第一节　正其衣冠

衣冠是礼仪之始，华夏子孙自轩辕黄帝开始便已是褒衣博带、衣袂飘飘。汉服之美，既有"青青子衿，悠悠我心"的含蓄内敛，亦有"披罗衣之璀粲兮，珥瑶碧之华琚；戴金翠之首饰，缀明珠以耀躯"的风华绝代。而如今，峨冠零落带成泥，当时风采今安在？在中华各族的文化竞相绽放之时，作为汉家儿女，切莫再"各族服饰相斗艳，唯汉不识祖宗衣"。

一、汉服之美

汉服，又称汉衣冠、汉装、华服，它始于黄帝、备于尧舜、定于周朝，历经汉唐宋明诸朝，是以华夏礼仪文化为中心，通过自然演化而形成具有独特汉民族风貌性格，明显区别于其他民族的传统服装和配饰体系。清"剃发易服"后，渐渐黯淡在民众的记忆里。

在这四千余年的时间里，汉服形成了明显区别于其他民族的传统服装和配饰体系，运用许多杰出的工艺，通过颜色、材质、样式、配饰等显示出区隔等级的仪礼作用，承载了华夏文明的政治、人伦、审美等文化内涵。作为一个伟大民族的缩影展现着汉民族的审美情趣、价值理念与人生哲学。

日本的和服、韩国的韩服等均是在不同历史时期受汉服影响而成，但线条流畅，飘逸潇洒是汉服与同为东亚衣冠体系的日韩民族服饰相区分的鲜明特征。历经数朝，追求展现穿着者内在气质，是汉服始终不变的审美原则。

日、中、韩服饰宣传漫画（百度汉服吧 宋军遗民 绘）

汉服以平面对折剪裁为主。不同于西方服饰的立体剪裁贴合身体，汉服是通过穿着后身型产生褶皱和布料堆叠展现流动之美，充分体现了汉民族安逸自若的民族性格、自然委婉的审美情趣，和天人合一的哲学思想。

二、汉服构成

从组成上看，汉服有着从上至下、由内而外、功能完备的服装和配件，包括首服、身服、足服和配饰四个部分。

首服：即头饰和冠帽，又称"元服""头衣"。首服早期以保暖御寒为目的，随后在宗法社会等级鲜明的制度下，逐渐成为区分等级尊卑的重要标志，以冠、巾、帽乃至发式的不同式样与材质区分人们的社会地位，王侯将相、平民百姓、男女老幼，各自不同。

冠和巾、帽虽然同属首服，但用途不同：古人扎巾是为了便利，戴帽是为了御寒，都出自实用的目的，唯有戴冠，主要是为了装饰。首服还随活动场合与时代的变化不断演进发展。古代成年男女均将头发盘在头顶以笄固定，男性头饰有冠、巾、帽等，形制多样；汉族女性首饰丰富多彩，有簪、梳、钗、华胜、步摇、金钿、珠花、勒子（额帕）等。

身服：亦称"体衣"。按照出席场合和穿着需求的不同，古代汉服可以分为：法服、职官服、燕居服、士庶通用常服和便服等。

汉服穿着一般包括三层：小衣（内衣）、中衣、大衣。汉代刘熙《释名·释衣服》："中衣言在小衣之外，大衣之中也"。这里大衣是指外衣。中衣则是指穿在祭服、朝服之内，而又在贴身内衣之外的衣服，介乎大衣和小衣之间。中衣也可以指贴身内衣。小衣则是贴身衣物，包括衵腰、抹胸等。

汉服的形制，可分为"上衣下裳"制（上衣和下裳分开）、"长裳连履"制（把上衣下裳缝连起来，即"深衣"制）、"上下通裁"制（上下一体裁剪），以及罩衫（外套）等。

"上衣下裳"制：顾名思义是分为上身穿的和下身穿的衣物分开剪裁、分开缝纫、分开穿着，多为正式礼服。"襦裙""袄裙"是"上衣下裳"制的延伸款式，没有很多的礼仪规定，一般用于常服。

"衣裳连属"制：又称"上下连裳"制。遵循古制而上下分裁，为了方便最后再缝缀，因此衣服还是一体的样式。此即"深衣"制，取上下相连、"被体深邃"之意。深衣制汉服主要包括曲裾袍、直裾袍、朱子深衣和襕衫。

"上下通裁"制：跟深衣制不同，通裁制汉服是上下一体裁剪的长袍。包括圆领袍、直裰、直身、道袍等。

罩衫，顾名思义，就是穿在衣服最外层的汉服。根据形制的不同可分为褙子、披风、大氅、半臂、大袖衫、比甲等。

足服：亦称"足衣"，即鞋袜。在古代，赤足是失礼的行为，谢罪时要"免冠跣足"。不同时期有不同质地与款式，如舄（xì）、履、屦（jù）、屐（jī）、靴、鞋所指就各不相同。材质上，有草、木、葛、麻、帛、丝、皮等等；款式上，有平头履、云头履、重台履、木屐等。袜也由不同材料所制，以适应各种季节和搭配不同鞋履。

配饰：也是汉服不可或缺的部分。古人配饰多有区分品级、贵贱的作用，主人也会通过配饰展示自己的道德期望。例如玉在我们文化中是完美人格的象征，所谓"谦谦君子，温润如玉"，因此汉族人喜爱佩戴玉，"君子无故，玉不去身"（《礼记·玉藻》）。此外还有香囊、剑、绶等配物，腰带、环绶、方心曲领等带饰，广义的配饰还包括女性的头饰、项圈等。

三、汉服特点

汉服从"黄帝、尧、舜垂衣裳而天下治"（《易传·系辞》）的衣裳发展而来。各朝各代不同的社会形态使得服饰呈现出不同风格，汉代质朴典雅，魏晋清秀空疏，唐代雍容繁复，宋代清雅含蓄，明代大气端庄……历经岁月变迁，人的审美观和穿着时尚也不断发展变化，但是这仍是一个服饰文化体系的自我发展演化。

交领右衽·仿汉马王堆直裾袍
（汉服北京 供图）

交领右衽·飞鱼服·曳撒
（汉服北京 供图）

（一）交领右衽

交领右衽是汉族服饰的基本特征和明显标识。交领即交叠的衣领，衽即衣襟。北方诸族崇尚左，衣襟左掩，是为左衽。汉族人崇尚右，衣襟"左压右"式，在腋下右侧系带固定，称为"右衽"，看起来就像是字母"y"的形状。"左衽"一般指称中原以外部分少数民族的装束。此外，按照汉族习俗，死者之服也用左衽。汉服在发展过程中始终保持着交领右衽的特点，因此这也就成了汉族的象征符号。孔子曾经谈及政治家管仲辅佐齐桓公"尊王攘夷"的功绩时，说"微管仲，吾其被发左衽矣。"

　　不过，在数千年的发展变迁中，其他领形也不断产生，形成了日益多彩的汉服式样。盘领即盘状的圆领。唐时圆领常服就十分流行，甚至还有女子也常穿着圆领袍女扮男装。直领即领子互相平行垂直直至衣裾下沿，以系带结缨或无系带直接敞开。宋时女用褙子以直领居多。明代还有方领、立领（或者称竖领）等。

领形图1（左：圆领袍；中：交领长袄；
右：立领长袄）（汉服北京 供图）

领形图2：交领袄、方领比甲（外）
（汉服北京 供图）

（二）褒衣大袖

　　"大袖"是汉服袖制的代表，相对于西方或现代的紧身束身衣，汉服通常衣袍宽大，袖子广阔，半弧形有收袖口，也区别于和服的正方形袖子。这恰是汉服魅力所在，宽袍大袖具有遮阳、透气、散热的特点，且因穿着起来闲逸潇洒而被赋予"胸襟广阔""大度从容"之意。

　　汉服中亦有窄衣小袖。窄衣小袖多为劳作服装或时尚衣着，但真正严肃端庄的场合必是大袖的礼服。

　　汉服的袖子也称"袂"。《晏子春秋·杂下九》记载，晏子出使楚国，因身材矮小被楚王嘲笑，讽刺齐国无人，晏子对曰："齐之临淄三百间，张袂成荫，挥汗成雨，比肩继踵而在，何为无人？""张袂成荫"即因为汉服袖子宽大，在

褒衣大袖（圆领长袄）
（汉服北京 供图）

齐国张开袖子能遮掩天日，形容齐人众多。我们现在常说的"联袂"一词即指衣袖相接，比喻携手同行。

（三）系带隐扣

又称"无扣结缨"。准确说来汉服不是完全没有扣子，但是不常使用。汉服常用的是用两根细细的带子，一左一右在腋下结缨而系，一内一外牢牢固定衣襟。

当然，汉服中也有使用纽扣的款式，如圆领袍固定圆领的布扣，明上衣中常用的金属扣、珍珠扣等，但都不如"结缨"的方式典型。

（四）纹饰色彩

由于平面的剪裁，汉服服饰衣片较少，人们的想象力便更多在平面上延展。取材于自然界的万千形物，通过提炼、概括、抽象，采用多种平面的处理方法，如染缬、绘印、织造、刺绣、镶嵌、绲边等，

"系带隐扣"的汉服（袄裙）
（锦瑟衣庄 供图）

为衣物添上不同图案体现不同的审美效果，甚至体现等级、思想内涵。如官服通过花纹的不同体现品级，又如在服饰绣上蝙蝠意蕴福喜相随，纹上仙鹤祈愿延年益寿。同时，还有通过各种植物矿物染料造成不同的色彩。在青、赤、黄、白、黑这"五正色"基础上还有绛紫、墨绿、褐、棕、灰等诸多颜色。不同时节、不同朝代有不同的流行色彩，配以各种织绣手法，千变万化。

汉服纹饰具有很强的寓意性和象征性。多通过如下方法：谐音法，利用纹饰本身谐音取寓，如"鹿"谐音"禄"，"鹌鹑"谐音"安顺"等，此外还有组合意象谐音，如莲、鲶鱼组合"连年有余"等；喻义法，利用纹饰本身的特征寓意，如通过鸳鸯相

有扣的汉服（竖领对襟袄）（锦瑟衣庄 供图）

随比喻夫妻恩爱等；表号法，将某些纹饰作为有特定含义的标记，如法轮、祥云等。

根据汉服的基本特征，我们可以将汉服与"古装""影视剧服装""影楼装"等的关系作简单的梳理。

"古装"有两种含义：一是指中国古代（多指民国以前）的服装；二是指具有中国古典气质和韵味的装扮。前一种含义的"古装"与汉服的外延基本相当，但是内涵有很大差别，特别是思维方式，前文已述；而后一种含义与汉服的内涵外延差别则要大得多。例如影视行业的"古装剧"，就是指的后者。多数影视作

品的"古装"并非真正历史上存在的服装，是艺术化了的古代服饰，多用于拍戏、影楼、表演等。现在一些古装剧越来越重视参考历史文献和考古报告来制作影视表演摄影的服装。但是毕竟用于艺术创作的服饰和用于生活的服饰是不同的，各有各的用途，不能完全等同。对于"古装剧"，应该鼓励其不断改进制作，将历史真实性和艺术性统一起来，创作更多的"良心剧"，展现中华文化的风采。

我们常说的"影楼装"，则源于改革开放之后，影楼摄影采用的服饰。影楼摄影的服饰是多种多样的，有旗袍、军装、古装、特色服（如欧洲宫廷服、韩服、和服）等。其中的影楼"古装"既有对传统服饰的追忆、艺术加工，也有服饰文化断代以后的随心所欲、脑洞大开。虽然有种种不足，这些影楼装曾经满足了许多人记忆深处那个"峨冠博带、衣袂飘飘"的梦想。今天要做的，既不是停留在过去做法上，又不应简单抹杀历史、否定过去，而是要让我们的艺术创作更有文化的内涵、历史的底蕴。

古装剧服装、影楼装等常见的问题：

1. 配色轻浮：传统汉服大都是比较讲究配色的，给人以赏心悦目的配色美，大多数并不会采用鲜艳浮夸的颜色。而影楼装往往设计夸张，颜色鲜艳，容易造成色彩堆积。

2. 衣着暴露：汉服的主流款式领型都较为内敛，领口一般比较严实，开口不大，不会给人以轻佻的感觉。而影楼装经常采用轻薄面料，胸前系带偏低开口较大，给人明显的暴露轻佻之感。

3. 板型不当：汉服前胸、后背都有中缝，袖子有接袖，双手合拢掩于袖中时，两边袖子边会自然垂直相对。而古装剧服装、影楼装的形制没有较为严谨的制作标准。有的交领甚至会出现左衽的现象。

右衽示意图（初雯 绘）　　　左衽示意图（初雯 绘）

影楼装的长短随意示意图（初雯 绘）

左：汉服正确袖型示意图　右：八字袖示意图（初雯 绘）

4. 现代配件: 汉服多为系带, 少数情况下会使用布扣或金属扣, 而古装剧服装、影楼装常使用拉锁、魔术贴、现代扣子等。

5. 纹饰夸张: 汉服不可能出现蕾丝边、大花边等。而古装剧服装、影楼装中经常加入夸张的花边、塑料花装饰等。

四、汉服穿着

汉服的穿着并不复杂, 但若要达到最好的穿着效果, 则不仅要穿对, 还要注意色彩协调、风格呼应、神态气质适当等问题。

（一）穿着顺序

衣服的穿着首先是亵衣、亵裤（相当于现在的内衣内裤）, 其次中衣、中裤、中裙（类似于衬衣）。最后外层就是袍子、袄子或单衣。并视身份场合不同佩戴若干配饰。

（二）穿着方法

汉服穿着, 以中衣为例。中衣又称里衣, 是汉服的衬衣, 多为白色, 起搭配和衬托作用。

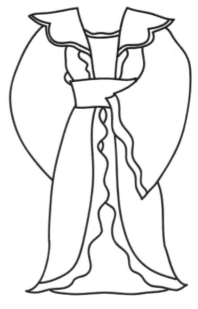

影楼装的夸张纹饰示意图（初雯 绘）

中衣（百度汉服吧 宋军遗民 绘）

中衣穿着如图：

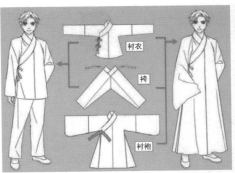 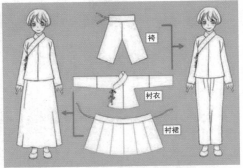

中衣穿着示意图1（百度汉服吧 宋军遗民 绘）　中衣穿着示意图2（百度汉服吧 宋军遗民 绘）

上衣（以袄为例，中衣和襦裙的上襦也是一样的穿法）穿着分解图：

上衣穿着步骤1（汉服北京 供图）　　　　上衣穿着步骤2（汉服北京 供图）

上衣穿着步骤3（汉服北京 供图）　　　　上衣穿着步骤4（汉服北京 供图）

穿着分解：
1. 套上衣服，系左侧内带。　　2. 系外侧右带。
3. 整理领子和肩膀。　　4. 穿着完成。

下裳（以马面裙为例）穿着分解图：

下裳穿着步骤1（汉服北京 供图）

下裳穿着步骤2（汉服北京 供图）

穿着分解：

1. 将裙子的光面（俗称马面，中间无褶子的部位）对准腰部前方中间。

2. 将裙子从前往后围起腰部。

3. 将系带从腰部后方绕到前方中间，系好，完成。

下裳穿着步骤3（汉服北京 供图）

外衣（以男子直裰为例）穿着分解图：

外衣穿着步骤1、2、3（从左向右）（汉服北京 供图）

穿着分解：

1. 套上衣服。

2. 系左侧内带。

3. 系右侧外带。

4. 整理领子和肩膀

5. 完成。

外衣穿着步骤4、5(从左向右)　(汉服北京 供图)

（三）衣着原则

现代汉服中穿着并不像古代有严格的礼制要求，但是仍然要遵循审美、礼仪的规范，尤其是以下一些细节需要注意：

1. 选择形制正确的汉服，同时避开反光布料、蕾丝、网眼纱等面料。

2. 一定要穿着中衣，露出白色领边。天气炎热时，至少要佩戴义领。

3. 注意汉服交领、右衽、无扣等特点。

4. 注意穿着的汉服要与场合相适合。同时，出于对历史的基本尊重，除特殊礼仪场合外，不使用"天子"等特定等级才能使用的纹样。

5. 穿着汉服时整理好仪容，切忌披头散发。汉服是民族服饰，故而女生挽髻或束发，男生戴冠、巾，以体现古典韵味固然不错；现代发型只要穿着搭配得当也是很好的。但无论如何都应该注意仪容的得体大方。

6. 汉服很多款式流行跨越了朝代，因此难以按朝代划分。但仍要尽量避免各朝各代衣服混搭，如齐胸外搭褙子或曲裾外配大袖衫均不合宜。

此外，当今汉服除了实用意义之外，还代表着民族身份。穿着汉服时要注意衣冠齐净，言行得当，这是每个华夏儿女基本的自我要求。

"凡着衣，常加爱护。饮食须照管，勿令点污；行路须看顾，勿令泥渍。遇服役，必去上服，只着短衣，以便作事。有垢、破，必洗浣补缀，以求完洁。整衣欲直，结束欲紧，毋使偏斜宽缓。上自总髻，下及鞋履，加意修饰，令与礼容相称。其燕居盛暑时，尤宜矜持，不得袒衣露体。能如此，虽服布素，亦自可观。今世父母，华其子之衣履，而不能约之以礼，竟亦何益。"

　　　　　　　　　　　　　　　　　　　　——（明）屠羲时《童子礼》

"冠必正，纽必结，袜与履，俱紧切；置冠服，有定位，勿乱顿，致污秽；衣贵洁，不贵华，上循分，下称家。"

　　　　　　　　　　　　　　　　　　　　——（清）李毓秀《弟子规》

衣冠威仪

中国的传统礼仪十分重视言行规范，不仅要穿着合宜的衣裳，还要注意文饰仪容、修饰言辞、充实德性；《礼记·玉藻》提到"足容重，手容恭，目容端，口容止，声容静，头容直，气容肃，立容德，色容庄，坐如尸，燕居告温温。"唯有做到这些，才配称得上是性情端正的真君子。

"孔子于乡党，恂恂如也，似不能言者。其在宗庙朝廷，便便言，唯谨尔。朝，与下大夫言，侃侃如也；与上大夫言，訚訚如也。君在，踧踖如也，与与如也。"

——（春秋）《论语》

"浴者振衣，沐者弹冠；人知正服，莫知行端。服美动目，行美动神；天道佑顺，常与吉人。"

——（晋）裴頠《女史箴》

一、坐立

坐和立，是人们日常起居中最常见的样态，看似无关大局，但它却能反映出人内心的精神状态。所以，中国人的传统，总是教育孩子"坐有坐相，站有站相"。

"凡立，须拱手正身，双足相并。必顺所立方位，不得歪斜。若身与墙壁相近，虽困倦，不得倚靠。"

"凡坐，须定身端坐，敛足拱手。不得偃仰倾斜，倚靠几席。如与人同坐，尤当敛身庄肃，毋得横臂，至有妨碍。"

——（明）屠羲时《童子礼》

（一）立容端正

正身，即使疲惫也勿倚靠。固定双腮目光平视，两肩平齐脊背挺直，手臂相合犹如抱鼓，放在胸口到下腹之间均可，甚至可以持着、挂着东西。两脚相距两寸，端正面部整理帽带，两腿站直两脚并齐。身体手臂不摇晃为"经立"。

在这基础上，微微前倾为"恭立"，弯腰如磬为"肃立"（磬是古代一种打击乐器，形同曲尺），腰弯到玉佩下垂处为"卑立"。

需要注意的是，中国人注重自然，而不是笔挺，所以手臂要柔软，勿僵直。这样汉服也才会顺势铺成柔和的曲线，展示出华夏礼仪之美。

（二）坐容矜庄

"经坐"是当时贵族或有身份者最为普遍的坐姿，直呼为"坐"，今人称为"雅坐"或"正坐"，在正规场合通常采用此种坐法。按照经立的姿势跪坐，两腿两足并齐不歪斜。膝盖并紧，小腿平置于地，臀部坐在脚跟上，脚背贴地，双手放在膝盖上，目视前方。此外，还有略微俯视尊长的膝盖以表恭敬的"恭坐"、仰视时目光不出身边数尺的"肃坐"、低头并手肘下垂的"卑坐"。

较为随意的坐姿有臀部着地、两腿叉开的"箕踞"、佛教式盘腿的"趺坐"。

《论语·宪问》记载"原壤夷俟"的故事。孔子的老朋友原壤有一次张开两腿，坐等孔子。"夷"就是蹲踞的意思，"俟"就是等待的意思。孔子见到后当场就

正坐姿态（礼乐嘉谟 供图）　　　　　　正坐姿态（礼乐嘉谟 供图）

发火了，用拐杖敲打着原壤的小腿将其批评了一通。

《史记》描写荆轲刺秦王事情败露后"箕踞以骂"，嘲讽堂堂秦王也不过于此，被刺杀吓得魂飞魄散，满殿乱跑，被天下人耻笑，如何称得上大王？如何能吞并燕国？荆轲的"箕踞以骂"显示出了轻蔑和挑衅意味。

二、揖拜

任何民族的礼仪中，都有用肢体动作来表达敬意的礼节。这是除了语言之外最常用的表达形式。

（一）长揖深圆

"揖"是传统礼节中，使用非常普遍的一种。现代文艺表演和武术表演中，表演者对观众"抱拳"行礼，即是揖礼的变种。传统揖礼优雅、流畅，既充分表达了相互的敬意，又避免了肢体接触可能造成的种种不便。

1. 作揖时，自然端立，双膝垂直，双足微分与肩等宽。双手相叠，手心向内，拇指收于掌内。喜庆之事男子左手在外、女子右手在外，凶丧之事相反。双手双臂呈拱形，为"拱手"。

2. 对尊敬的人行礼时，拱手至眼睛；对年长于自己的人行礼时举手至嘴巴；对平辈行礼时，拱手至胸口位置。

3. 鞠躬，脊背和颈项的形状像屋脊一样，颈项低到佩带的玉衡之下，低头看着自己的鞋头，双手随之向前推出并自然垂下至膝旁。

4. 稍停，起身，双手随之提起，拱手至眼（唇、胸），随即将手放下。

传统礼节讲究"礼无不答"，平辈相见，一方行礼过后，受礼一方也要回以对等的礼节。

"凡揖时，稍阔其足，则立稳。须直其膝、曲其身、低其首，眼看自己鞋头，两手圆拱而下。凡与尊者揖，举手至眼而下；与长者揖，举手至口而下；与平交者揖，举手当心而下。手随身起，又于当胸。"

——（明）屠羲时《童子礼》

（二）叩拜恭敬

在传统礼节中，跪拜属于最隆重的礼节。拜的出现应该早于揖。由于早期人们在正式场合普遍正坐于席上，这时如果想要使用肢体语言表达对他人的敬意，会将手放在身前的地上，然后把头低下去触碰地面，就是最早的"叩拜"（或称"叩首""顿首"）。

古人有"九拜"之说，这并非后人以为的拜九次，而是行礼时的九种方式。这九种礼拜方式分别叫稽首、顿首、空首、振动、吉拜、凶拜、奇拜、褒拜、肃拜。九拜不仅名称有别，动作要领也大为不同。

稽首是吉事拜礼中最敬重的方式，适合于拜天地、拜祖先、拜父母、臣拜君、生拜师。行礼时，施礼者跪地，先下左膝后屈右膝，左手按在右手之上，头也缓缓置于左手之上，使得行礼者头要比臀部低，头至地后还要停留一段时间，起立时先起右足，将双手一齐按在右膝上，再起左足。整个过程以详细缓慢为敬，因此不可急躁。

顿首是拜礼中次重者，适合于平辈同级之间。行礼时，头碰地即起，因其头接触地面时间短暂，故称顿首。通常用于下对上及平辈间的敬礼。

空首与稽首、顿首均属于正拜，但较另外两者要轻，适合于尊者回应卑者的稽首礼。行礼时两手拱地，引头至手而不着地。

振动指两手相击，振动其身而拜。

古人拜礼有吉凶之分，吉拜适合于各种祠祭，先拜而后将额头触地。凶拜适合于服三年之内的丧时行礼，与吉拜相反，先将额头触地，表情严肃，而后再拜。吉拜、凶拜手势还有左右之分、男女之别：男性吉拜时，右手握拳，左手成掌，对右拳或包或盖；凶拜男性右手成掌，左手握拳。女性手势和男性是相反，如女性吉拜为左手握拳右手包于其上。

奇拜又称雅拜，屈左膝后一拜。

褒拜也称报拜，即行拜礼后为回报他人行礼的再拜。

肃拜是军礼，由于古代士兵身披甲胄，不便跪拜，因此俯身拱身行礼。

拜礼同样有"答拜"，除了吊丧和士见国君等特殊情况，受了对方的拜礼后，都必须答拜。如果双方地位相等，答拜之礼也应相同。如果先拜之人地位较低，受礼之人也可以用较轻的礼节答拜。

拜礼动作分解示意如下：

拜礼动作分解：

1. 长揖，垂手至膝。

2. 起身，手随身起。

拜礼动作分解示意图1—4（从左向右）（汉服北京 供图）

拜礼动作分解示意图5—8（从左向右）（汉服北京 供图）

拜礼动作分解示意图9—12（从左向右）（汉服北京 供图）

3. 稍退，留出行礼空间。

4. 双手轻提前襟下摆，屈左腿跪地。

5. 屈右腿跪地，双手顺势放下。

6. 双手交叠按地。

7. 若为顿首礼，用额头轻碰触地面。若为空首礼，则用额头轻碰触手背。

8. 上身起，手随身起。

9. 右腿起，双手扶右膝作为支撑。

10. 左腿起。

11. 起身，恢复站立姿态。

12. 拱手。

"凡下拜之法，一揖少退，再一揖，即俯伏，以两手齐按地。先跪左足，次屈右足，顿首至地，即起。先起右足，以双手齐按膝上，次起左足，仍一揖而后拜。其仪度以详缓为敬，不可急迫。"

——（明）屠羲时《童子礼》

由于古代妇女首饰繁多伏地不便，所以手拜代男性稽首礼，肃拜代男性空首礼。揖礼后跪双膝，跪拜时，双手抬至额际，呈拱形再手之下掌置地，双手触地后仍然维持拱手形，回手额头，头不动，为手拜。肃拜也称雅拜，不同于手拜的是女子双手不触地。

有人将女子的肃拜与韩国的肃拜等同，其实有着很多细节上的差异。行礼前的站姿：中国是拱手于胸前，韩国为手压垂于腹上；中国肃拜手臂抱圆，韩国肃拜两手肘侧平举；中国的肃拜手举高度有等级划分（同作揖时），但均不触额，韩国肃拜没有举手高度划分，手要触额；中国肃拜下跪和平身时均不用举着手，韩国肃拜下跪和平身时均要平举手；中国肃拜手及地而头不触地，但手要触头，韩国肃拜手不着地。

古代妇女相见时常礼为万福礼，应是从拱手礼演化来的。目前对万福礼的具体细节还有争议，通常是双手握拳，右手叠于左手之上，置靠于胸腹正前，微屈膝，微点头，口呼"万福"。

清代也有道万福的说法，名称虽同，但行礼方式并不一样：女子叩首称行"万福"之礼，用手按腿三叩首后，手抚鬓角后起身。后又以平辈人抚鬓点头行礼称之为抚鬓礼。

万福礼（汉服北京 供图）

叉手礼：两手交叉之意。行礼时，用左手紧握右手的大拇指。左手的小指向着右手的手腕，右手除大拇指之外的四跟手指皆伸直。将左手的大拇指竖直向上，将右手遮挡在胸前。右手离胸口方寸之间。为古人在作揖、拱手礼中的一种姿势形态。

"凡叉手之法，以左手紧把右手大拇指。其左手小指向右手腕，右手四指皆直。以左手大指向上，以右手掩其胸。手不可太着胸，须令稍离方寸。礼称手容恭敬，童子叉手有法，则拜揖之礼，方可循序而进。"

—— （明）屠羲时《童子礼》

拱手礼：双腿站直，上身直立，两臂如抱鼓伸出，双手在胸前抱举或男左抱右掌叠合，自内而外划圆晃动一下。一般平辈行礼后正对胸口，不高于颚不低于胸。现代拱手礼就是抱虚拳，拳靠胸加磬折以示恭敬。

拱手礼（汉服北京 供图）

三、步趋

（一）行步从容

现代汉语中有一个词是"行走"，这两个字在古汉语中的意思是有区别的。《释名》说："两脚进曰行"，即依靠双脚前进的所有动作，均可称之为"行"。同时，《释名》按照速度，将"行"加以细分："徐行曰步""疾行曰趋"，慢慢地走称为"步"，较快地走称为"趋"。后来衍生出的词汇如"闲庭信步""趋之若鹜"等，也可以看出这两个词之间的区别。

"凡走，两手笼于袖内，缓步徐行。举足不可太阔，毋得左右摇摆，致动衣裙。目须常顾其足，恐有差误。登高必用双手提衣，以防倾跌。其掉臂跳足，最为轻浮，常宜收敛。寻常行走，以从容为贵。若见尊长，又必致敬急趋，不可太缓。"

—— （明）屠羲时《童子礼》

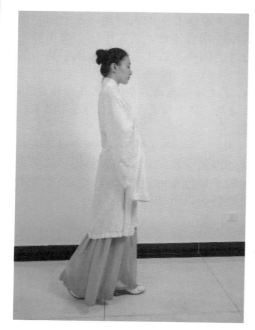

行步姿态示意图（汉服北京 供图）

（二）奔走留意

"疾趋曰走"，速度再快一点，进入"跑"的阶段，古汉语称"走"，青铜器铭文上的"走"字，上部是一个摆动着手臂的人，下部是一个代表脚趾的"止"，而"奔"字，上部同样是摆动手臂的人形，下部则增加为三个"止"，所以，可以将"走"理解为"小跑"，而将"奔"理解为"快跑"。

甲骨文的"走"　　　　　甲骨文的"奔"

在礼仪场合下，漫不经心地大摇大摆或者大步狂奔都是不合适的，恭谨稳重的"趋"使用最多。《礼记》上说："帷薄之外不趋，堂上不趋，执玉不趋。"薄帘之外不快行，恐风动而帘开，泄内室之隐秘。堂上有摆设，不可快行，恐有触覆之意外。手里拿着贵重或易碎之物，不可快行，恐损伤也。

拓展阅读：汉服的结构

文：王鑫

汉服的结构分为领、袂（袖）、祛、襟（衽）、裾、缘、摆等部分。

领：东汉许慎《说文》：领，项也。从页，令声。同样的解释亦可参见《广雅》。可以说领即为衣服上围绕脖子的部分。

袂（mèi）：指衣袖的部分。成语"衣袂飘飘"形容的就是翩翩起舞时袖随风飘摆呈现的出尘之态。"联袂"展现了手拉着手的形象，比喻携手合作。

祛（qū）：《说文》："祛，衣袂也"，指袖口。袖曰袂，袖口曰祛。

襟：东汉《释名》："襟，禁也，交于前所以禁御风寒也。亦作衿。"襟即衣服的交叠重合处。古人有"泣下沾襟"之语。词语"襟袂"或"襟袖"，就是衣襟和衣袖的合称。又有"胸襟、襟怀"等语，指胸怀、抱负。

裾：《说文》："裾，衣襜也。从衣，居声。"清代《说文通训定声》："裾，衣之前襟也。今苏俗曰大襟。"即衣服的下摆部分。

缘：《说文》："缘，衣纯也"；《尔雅》："缘谓之纯"，指的是袖口、领口包边部分。

摆：关于"摆"的文献资料暂缺，但目前一般认为摆指衣裙的下幅。

汉服的领根据已知资料可分为直领、曲领、圆领、竖领等。其中曲领已消亡，搜集资料难度较大。除此之外的领型、袖型、裾、摆等均可以用图加以示意。

1. 直领类

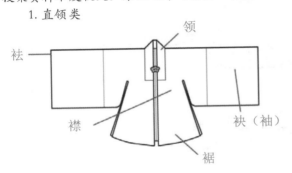

直领对襟广袖（刘畅 绘）

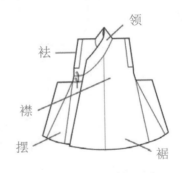

交领对襟无袖直裾外摆（刘畅 绘）

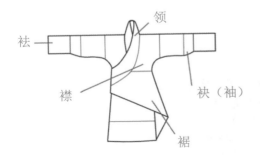

直领大襟收祛曲裾（刘畅 绘）

交领大襟琵琶袖（收祛）直裾暗摆（刘畅 绘）

2. 圆领类

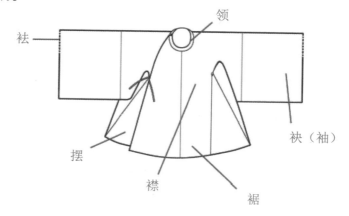

圆领大襟广袖直裾外摆（刘畅 绘）

3. 竖领类

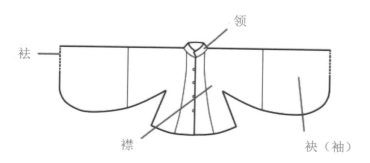

竖领对襟琵琶袖（收祛）（刘畅 绘）

资源链接

1. 文献典籍

（1）（汉）贾谊《容经》，载《贾谊新书》

（2）（宋）朱熹《童蒙须知》：之一"衣服冠履"，之二"言语步趋"等部分

（3）（明）屠羲时《童子礼》："初检束身心之礼"部分

2. 现代研究

《中华传统礼仪概要》，彭林，北京：高等教育出版社，2006年

3. 网络资料

（1）吴飞（ufe，经礼堂）：《着汉服的基本礼仪（图文版）》，发表于汉网

（2）吴飞（ufe，经礼堂）：《常礼》，摘自豆瓣

（3）《汉服系统知识大纲》（作者：蒹葭从风）；《汉服简介（大众版）》（作者：天风环珮／蒹葭从风／招福），天汉民族文化网

第二篇 襟带天地

 第三章 汉服传承

汉民族的传统服饰，自先秦以来，传承发展了几千年，反映了不同历史阶段人们对生活的美好向往，虽然曾因"剃发易服"的强制政策而黯淡，但近年来在众多汉服复兴者的努力下又重回大众视野，迎来新的发展。

第一节 汉服溯源

作为民族服饰的现代汉服只有款式之分，而无朝代之别。然而汉服有其自身的发展过程。"参天之木，必有沃土"，承前才能启后，继往方可开来。只有对传统服饰的发展历程有一定的了解，才能在继承的基础上，更好地发展现代汉服。

一、先秦时期——奠基与勃兴

不同族群在历史中都逐渐形成自己各具特色的服饰文化，华夏族群将自己的服装称为"衣裳"或"衣冠"，如"黄帝、尧、舜垂衣裳而天下治"。人们往往用"华服"来区别"胡服"，如"华服萧条，鞠为茂草""改华服以就胡，变雅音而入郑"。华夏服饰一度成为文明的代名词。

《世本·作篇》说："伯余制衣裳。"[5]伯余是中国民间传说中黄帝之臣，旧时纺织业中机户所崇拜的行业神。《淮南子》记载："伯余之初作衣也，緂麻索缕，手经指挂，其成犹网罗。后世为之机杼胜复，以便其用，而民得以掩形御寒。"古人最初以兽皮草叶遮羞御寒，后来学会将植物纤维或蚕丝搓制成线，继而纺织成布制成

轩辕黄帝像

---

5 《世本》，是一部由先秦时期史官修撰的，主要记载上古帝王、诸侯和卿大夫家族世系传承的史籍。其《作篇》，辑录了燧人、庖牺、神农、黄帝、颛顼、尧、舜、夏、商、周各个时代的制作。关于服饰的起源，《世本·作篇》记载："黄帝造旃冕。"又说"伯余制衣裳。胡曹作冕，胡曹作衣。于则作扉履（草屦曰扉，麻皮曰屦）"。宋代文人罗泌《路史》则追溯到伏羲时代："伏羲氏化蚕桑为穗帛，因罔罟以制都布，结其衣服。"

衣物。我国旧石器时期遗址中已出现穿孔骨针，新石器时期遗址中出现大量纺织工具及成片织物。

先秦是中华服饰发展史的奠基时代。原始社会的服装仍较简单，至奴隶社会时期逐渐随农耕生活习惯形成交领右衽、隐扣系带、上衣下裳或上衣下裤的特点，后世服装演变均以此为基础而万变不离其宗。特别是周代开始，华夏走出巫风，步入人文时代，服饰也体现了"礼治"的色彩，呈现出中正平和、含蓄深沉、端庄雅正的风格，并形成冕服制度，为后世历代所效仿。

春秋末年直至战国时期，战乱频繁，社会动荡，百家争鸣。战国七雄之一的赵国，除了右衽的文明标志不变以外，学习胡人服装便于行动的优点改良军装，从而提高了军队的战斗力，这就是历史上有名的"胡服骑射"。后世汉族服装发展亦不乏向其他民族主动学习和自我改良的现象，但始终万变不离其宗，从而使汉服得以在世代传承中不断完善与丰富。

（南宋）马麟《道统五祖像·尧》
台北故宫博物院藏

（南宋）马麟《道统五祖像·汤》
台北故宫博物院藏

二、秦汉时期——定型与发展

服饰形制上，早在春秋战国之际，出现一种将上衣与下裳缝合成一体式长衣的服装，因其"被体深邃"，可以将身体深深包掩而被称为"深衣"。由于当时内衣制度尚不完善，为完美地包掩身体又能方便行动，古人设计出特别的"曲裾深衣"，并在秦汉时期大为流行，男女老少、贫富贵贱均普遍穿着，成为这一时期的代表性服装。而后随着内衣的完善，汉以后这一款式逐渐被淘汰，取而代之的是更为简便的"直裾深衣"，且主要为男子穿着，成为历代男装的代表款式之一。

　　服饰风格上，秦代的装束以黑色为主，就连上朝的百官也皆着黑色朝服，显得素雅整齐，佩饰上十分简单。汉朝初建时，在服饰上承袭的是秦制，所以汉代初期服饰色彩依然尚黑，出现了吏黑民白的朴素、庄重的服饰风貌。

　　随着汉朝政治的巩固和经济的飞速发展，以及内外交流的日益活跃，汉代的衣冠服饰亦日趋华丽。从马王堆出土的大量西汉时期的丝绣织品中可以看到，华丽的服饰生动再现了汉代独特的装饰风格与特点，并反映出了汉代纺织业的高超水平，染织工艺的进步也是汉代服装质量得以提高的基础。

梳髻、穿绕襟深衣的妇女（湖南长沙马王堆一号汉墓出土的帛画）

　　这一时期由于汉朝的统一与兴盛，华夏族逐渐被称为"汉人"，华夏服饰亦称为"汉服"或"汉衣冠"。汉朝以后，"汉"的指代由朝代演变为民族，"汉服"也从指一个朝代的衣冠制度变为指代一个民族的传统服饰。

三、魏晋南北朝时期——丰富与融合

　　东汉后期到魏晋时期，社会风气有了很大的变化，两汉经学的指导思想地

（东晋）顾恺之《洛神赋图》（局部）　　　（东晋）顾恺之《女史箴图》（局部）

位逐渐让位于魏晋玄学，社会崇尚"率直任诞、清俊通脱"的"魏晋风度"。崇尚返璞归真的情趣使得衣裳更加飘逸灵动，女装由上衣下裳不断加入女性元素形成的上襦下裙即"襦裙"为风尚，形成"两截穿衣"的习惯，并成为后世历代汉族女装的主要特点。

三国战乱刚刚结束，西晋的短期统一就被内外战乱所摧毁。西晋"永嘉之乱"[6]后，五胡乱华，大量中原人士南迁，历史进入了"东晋十六国"时期。紧接着又是南北朝的分立。长达数百年的大动荡、大分裂，民族矛盾、阶级矛盾极其尖锐。战乱给人民带来极大的苦难，社会在动荡中艰难前行。各族人民，包括服饰在内的文化、生活习俗逐渐趋于融合。

东晋《列女仁智图》中穿襦裙装的女子

此时的中华大地充满苦难，但是客观上各族群之间包括服饰在内的文化、生活习俗相互影响，既促进了汉族服饰文化的推广，亦使之在与其他民族服饰的交流借鉴中更加丰富。北魏孝文帝的改革政策，即包括穿汉服、讲汉话，学习汉族典章制度、恢复汉族礼乐制度等。而其他民族的服饰元素也逐渐融入汉民族服饰中，如宋代沈括在《梦溪笔谈》中提到："中国衣冠，自北齐以来，乃全用胡服。窄袖、绯绿短衣、长靿（yào）靴，有蹀躞（dié xiè）带，皆胡服也。"

四、隋唐时期——繁荣与开放

（唐）阎立本：《步辇图》

隋朝尽管历时较短，但它结束了数百年的大分裂，经济、文化得到恢复并日益兴盛，为服饰文化的繁荣奠定了基础。唐朝在承袭中华历代冠服制度的同时又通过丝绸之路与异域、异族密切交往，博采众族之长，出现百花争艳的景象，其辉煌的服饰盛况使唐代成为中国服饰史上的重要时期以及世界服饰史上举足轻重的组成部分。

6 永嘉之乱，或称永嘉之祸。西晋中后期统治集团内部爆发战乱，史称"八王之乱"，社会混乱，加以天灾连年，胡人遂乘机作乱。西晋永嘉五年（公元311年）洛阳沦陷，建兴四年（316年）长安沦陷，西晋灭亡。长达数百年的大动乱开始。而后各族陆续建立割据政权，史称"五胡十六国"。永嘉之乱后，晋朝统治集团南迁，定都建康（今南京），建立东晋，史称"衣冠南渡"。

这一时期的男女服装各自呈现出鲜明的特点。女装将下裙越系越高，从腰部一直提到腋下，并加大裙摆，使上衣与下裙形成夸张的比例，表现出一种独特的美感，再搭配披帛或一种名为"半臂"的短袖罩衫则更显风韵，宫中则流行轻薄的大袖衫，女穿男装亦为一种时尚。男装普遍以圆领袍衫为流行，圆领吸收了胡服的元素，袍衫则是一体通裁的长衣，与上下分裁的深衣相对，是衣裳的进一步发展，成为后世官服的主要款式。

唐圆领袍衫

（晚唐）《唐人宫乐图》

五、宋明时期——成熟与沉淀

宋代开国后勘订礼制，在继承的基础上又有发展。至宋徽宗大观、政和年间，冠服之制基本定型。简洁的襦裙、褙子、袍衫大行其道。

宋代服饰总体来说，庶民只允许穿白色衣服，后来又允许外官、举人、庶人穿黑色衣服，实际上民间服色五彩斑斓不受拘束。宋代服饰对金饰情有独钟，两宋历代皇帝多次禁止使用各种金工艺饰衣。但是社会奢侈风俗的影响力大于官府禁令。

这一时期男装以襕衫为尚，即衣服下摆有一个横襕，用以象征上衣下裳的旧制。《朱子家礼》中还记载了一种深衣，是朱熹对《礼记》深衣篇所记载的深衣的自我认识和研究的产物，后来日韩服饰中有部分礼服都是在朱子深衣制度的基础上制作的。

（南宋）《歌乐图》（局部）

华
夏
有
衣

走
进
汉
服
文
化

宋代女装则以褙子为典型，褙子是一种衣领对襟、两侧从腋下起不缝合、多罩在其他衣服外面穿着的长衣，男女通用，女子穿用较多，且胸外面不穿上衣，只套一件不系结的褙子。宋代褙子比较窄瘦，到明代时才变得十分宽博。

明朝上采周汉，下取唐宋，对服装制度作了新的规定。洪武元年（1368年），明太祖宣布："悉命复衣冠如唐制"。经过多年调整，洪武二十六年（1393年），明朝冠服制度基本确立下来。

明代男装基本沿袭唐宋，普遍穿着通裁袍衫或直裾深衣，如直裰、直身、道袍之类，同时出现一种名叫"曳撒"的服装，演变自元代的辫线袄子，前身分裁，下部打马面褶子，后身通裁不打褶，身侧有摆。

女装方面以往多数是上衣压在裙子里面，明代则流行一种上衣穿在

（明）《明宪宗元宵行乐图》（局部）

裙子外面的穿法，且上衣常加白色护领，下裙常搭配马面裙，并出现了少量隐扣的立领，成为汉服领型的又一补充。

"（洪武元年二月壬子），诏复衣冠如唐制。初，元世祖起自朔漠，以有天下，悉以胡俗变易中国之制，士庶咸辫发垂髻，深襜胡俗。衣服则为裤褶窄袖，及辫线腰褶。妇女衣窄袖短衣，下服裙裳，无复中国衣冠之旧。甚者易其姓氏，为胡名，习胡语。俗化既久，恬不知怪。上久厌之。至是，悉命复衣冠如唐制，士民皆束发于顶，官则乌纱帽，圆领袍，束带，黑靴。士庶则服四带巾，杂色，盘领衣，不得用黄玄。乐工冠青卍字顶巾，系红绿帛带。士庶妻首饰许用银，镀金耳环用金珠，钏镯用银，服浅色团衫，用纻丝绫罗䌷绢。其乐妓则戴明角冠，皂褙子，不许与庶民妻同。不得服两截胡衣。其辫发椎髻、胡服胡语胡姓一切禁止。斟酌损益，皆断自圣心。于是百有余年胡俗，悉复中国之旧矣。"

——《明太祖实录》卷三十

至此经过三千多年的不断积累和丰富，汉族服饰已经形成了一个十分庞大完备的服饰体系，积淀出深厚的服饰文化，对周边国家的服饰产生过深刻影响。

六、辽金元清——从"胡汉并存"到"剃发易服"

辽金元三朝，基本上是汉服与游牧民族服饰并存，但是也时有"易服"事件的出现。直至清兵入关采取了更为极端的"剃发易服"政策，不仅使人民遭受极大的苦难，而且使中华文化产生了极大的损失。

辽朝：契丹人为东北半农半牧民族，唐时属松漠都督府，唐末五代时崛起。辽朝契丹服饰与汉族服饰并存。《辽史》："辽国自太宗入晋之后，皇帝与南班

汉官用汉服；太后与北班契丹臣僚用国服，其汉服即五代晋之遗制也。"

金朝：女真人源自先秦的肃慎，汉晋时称挹娄，南北朝时称勿吉，隋唐时称黑水靺鞨，辽朝时期称"女真""女直"。辽末崛起，先灭辽，后灭北宋。金朝一度推行"易服"政策，不少北方汉人改穿了女真样式的服装，但也有推行汉化政策的时期。

元朝：蒙古人唐时称"蒙兀室韦"，金末崛起，先灭金，后灭南宋。元朝在建立初期并无明确的服饰体系，直到至治元年（1321年）元英宗参照古制，制定了承袭汉族特征又兼有蒙古民族特点的服制，包括皇帝冠服，百官朝服、公服、

元世祖忽必烈像

元朝耶律楚材像

髡发穿圆领窄袖的契丹贵族（五代、辽）胡瓌《出猎图》（局部）

祭服以及士庶之服。在元朝，士庶服饰保留了汉族的特征，如男子公服多从汉族习俗，"公服，制以罗，大袖，盘领，俱右衽"（《元史·舆服志》）。但由于元廷推行"四等人"的民族歧视政策，为讨好上层或伪装身份，不少人主动穿着蒙古式的服装。

清朝的冠服制度初步制定于 1636 年（明崇祯九年，清崇德元年），历经变动修改，到乾隆时期才基本确定下来。清代服饰借鉴了明代服饰的很多做法，但是这种借鉴是在"另起炉灶"的基础上，保留汉族服饰的部分元素。总的来说，满服代替汉服成为清代服装的主流，汉服的传承总体而言中断了。

虽然统治者以暴力蛮横地抹杀汉服及其承载的精神，但是在人民的顽强抵抗之下，汉服顽强地留下了一些残余，可谓不绝如缕。

关于"剃发易服"有"十从十不从"之说："男从女不从，生从死不从，阳从阴不从，官从隶不从，老从少不从，儒从而僧道不从，倡从而优伶不从；以及仕宦从而婚姻不从，国号从而官号不从，役税从而语言文字不从。"这一说法没有官方文件记载，而是民间口谣，是人们对历史悲剧的记忆。许多老人都会做被称作"和尚衫""毛衫"的婴儿汉服，一些偏远地区的老婆婆年轻时也曾穿过"道士领"袄子；道士与和尚的法衣，戏剧中的表演装……无不昭示着"十从十不从"这样的抗争——是妥协，但也是抗争。

清末道士

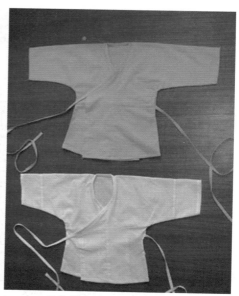

现代婴儿衫（汉流莲 供图）

士大夫是清朝防范的重点，因而很难像僧道、女子那样保全衣冠。尽管如此，他们还是竭力用自己的办法展示了对于传统服饰的眷恋。明末大儒王夫之为躲避剃发令，逃入湖南深山，到清末人们才发现他充满思想性的著作。另一位更有名的大儒黄宗羲则专门撰写了《深衣考》，通过考索深衣形制追思传统服饰。清儒江永在其基础上又写有《深衣考误》一书。

永历三十七年（1683年），退守台湾岛的明郑政权败亡，明祚彻底终结。南明宗室宁靖王朱由桂殉国。死前书于壁曰："自壬午流贼陷荆州，携家南下。甲申避乱闽海，总为几茎头发，苟全微躯，远潜海外四十余年，今六十有六矣。时逢大难，得全发冠裳而死。不负高皇，不负父母，生事毕矣，无愧无怍。"次日，即加翼善冠，服四围龙袍，束玉带，佩印授。将宁靖王庆钮印送交郑克塽。郑克塽率文武至，嗟叹别之。王乃拜辞天地祖宗。耆士老幼俱入拜，王答拜。又在砚背题绝命词曰："艰辛避海外，总为几茎发。于今事毕矣，不复采薇蕨。"书罢，结帛于梁升神，且曰我去矣，侍宦两人亦从死其旁。众扶之下，颜色如生，越十日葬于县治，长治里竹沪与元配合焉，不封不树。妾滕五棺埋于台南魁斗山，去其墓三十里，称为五烈墓，又曰五妃祀。

第二节 汉服复兴

明亡之后，汉族人民恢复传统衣冠的努力不绝如线，犹如星星之火。汉服有两重身份：汉族民族服饰和中国传统服饰的代表，故而其命运也受这两种身份的影响：汉族的民族标识和中国传统文化尤其是礼制文化的象征。

一、近代服制和汉服星火

清朝在甲午战争中失败后，统治危机日趋严重，统治者的权威也不断衰弱。中国知识分子分化为保守派、维新派和革命派。戊戌变法时期，有人提出服饰改革的倡议，这是出于维新变法的需要。革命党要推翻清廷，则有人以"汉家衣冠"相号召。

近代中西接触，使得一部分国人开始着西装。戊戌变法时，维新派从政治维新以及"易人心革风俗"乃至与世界求同的高度，提议"断发易服"，即剪除辫子，改穿西式服装。戊戌变法虽然失败了，但是"断发易服"的主张在社会中逐渐推行开来。服饰变革成为社会关注的对象，并与"古今中西"的问题紧密联系在一起。这里的"中"，由于近因效应，是指清朝服饰。这种中西对比概念也成为近代以来的主流思维模式。

革命派也要求向西方学习，但是在推翻清廷的过程中，也有人以"汉家衣冠"相号召。如章太炎先生流亡日本时，曾请日本友人缝制交领衣一件，并在衣服上绣上"汉"字，这是他一生最珍爱的衣物。辛亥革命胜利以后，有人提倡恢复汉族衣冠，但是由于历史条件的限制，这些并未成为社会的主流思潮。

中华民国成立之后进行了服制改革。南京临时政府期间，临时大总统孙中山签发了包括剪辫、放足在内的诸多法令。民国元年（1912年）10月北洋政府和参议院颁发了第一个正式的服饰法令。该法令对民国男女正式礼服的样式、颜色、用料做出了具体的规定。由此确立了民初西装革履与长袍马褂并行的服饰风格。这次改革将西洋服饰第一次直接地、自上而下地引入中国，并以此为社会政治变革的手段之一。从此中国国民的服饰进入了洋装年代。

1912年10月3日，临时大总统袁世凯向全国公布参议院决议通过的《民国服制》。《服制》规定：男子礼服分为大礼服、常礼服2种。其中大礼服分昼用、夜用2种：昼用大礼服为西式大氅式；夜用大礼服类似燕尾服，但后摆呈圆形，裤用西式长裤。常礼服也分2种：一为西式，一为袍褂式，均为黑色，衣料采用国产丝、毛织品或棉、麻织品。《服制》规定的女子礼服较简单：上用长与膝齐的对襟长衫，下用长裙；衫裙均加绣饰。

在废除辫发满装以后，中国人该穿何种衣装？若"恢复古制罢，自黄帝以至宋明的衣裳，一时实难以明白；学戏台上的装束罢，蟒袍玉带，粉底皂靴，坐了摩托车吃番菜，实在也不免有些滑稽"。鲁迅先生这段话不仅反映了当时人们的困惑，也反映了近现代的主流思维模式：没有"汉服"概念，而是讲"古装"；在"古今中西"的格局中，"中"的代表是清装（需要注意的是清装不等于满装，清朝时满汉穿着，准确说是"旗汉穿着"，是有很大差异的）。近现代主要政治势

新服制图说（民国初年《民权画报》）[7]

力要么激进、要么守旧。前者醉心西化，认定传统服饰有悖平等观念，自然也不会支持包括汉服在内的中国传统服饰；后者则提倡传统，但讲的是以清为传统的代表，坚守马褂辫发，自然也不会提倡汉服。

1914年民国祭天仪式上的乐舞生

汉服虽未恢复其主流地位，但是作为传统礼制的象征，在国家服制中仍取得一席之地。民国三年（1914年），北洋政府政事堂礼制馆制定自大总统、文武官员至士庶人等的汉式祭服——祭祀冠服，颁布了《祭祀冠服制》《祭祀冠服图》。这一制度将传统礼制文

7 辛亥革命后并未恢复明代衣冠。民国初年公布的服制，被此图称为"或短或长，有高有低，新旧杂陈，饶有奇趣"。图中左一的"深衣"、右一的"玄端"属于汉服的款式名称。不过图片右一服饰不并符合古代"玄端"的服制，而类似道袍外罩氅衣。

化与民主共和的政体相结合，做出了良好的探索与尝试。这一服制并非为帝制复辟而作，袁世凯败亡后，这一服制也在继续实施。但是袁世凯复辟帝制，其所利用的儒学、汉服等文化元素在当时人心目中又确实被打上了帝制的深刻烙印。袁世凯借传统文化搭台复辟，正是民国知识分子从辩证地传承传统文化，走向"全盘反传统"、彻底否定传统文化的重要原因之一。这一历史教训可惜、可叹，值得后人铭记、汲取。

民国三年的祭祀冠服主要由爵弁制的祭冠、玄色的上衣、纁色的下裳以及中衣、大带、靴等所组成，分为一至五等六种级别，以祭冠前部所缀的"冠章"和祭服上衣上的章纹圆补等内容作为等级的区分。

一、祭冠：采用古"爵弁"制，冠武（即冠戴于头部的圆匡部分）上平置覆板，覆板前圆后方、上黑下红，冠无笄，大总统祭冠的冠武上装饰赤地金锦和纁色组缨（即系带），官员冠的冠武装饰蓝地金锦和紫色组缨，士庶冠的冠武用青素缎和青组缨。大总统祭冠和官员戴的一至四等祭冠冠武前方还装饰有圆形的嘉禾"冠章"，以所缀的不同珠石材质及数目区别等级，士庶祭冠只缀矩形玉片一块。

二、祭服：采用衣裳制。皆依品秩服之。

1. 衣：均为玄色（实物为黑色），右衽，袖长过手五寸，袖宽为衣长之半（旧照与实物的衣袖多窄于此），左右有开衩（注：史实如此，按古制玄端是不开衩的），大总统衣用圆领，以下都为交领。在领、

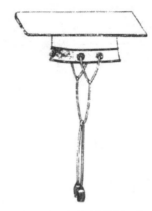

祭冠（《祭祀冠服制》）

袖、开衩处有宽二寸五分的镶边，大总统衣镶赤地金锦、一至四等衣镶蓝地金锦、五等衣镶青素缎。自大总统至四等祭服的上衣采用传统的"章纹"装饰，以十二章、九章、七章、五章、三章的差异来表示等级，章纹均以团纹体现，团纹数与章纹数一致：

大总统衣十二团十二章纹（日、月、星、山、龙、华虫、宗彝、藻、火、粉米、黼、黻），前胸、后背、两肩各一团，两袖两面共四团，前后下端各二团。

2. 裳：均为纁色（实物为暗红色），共七幅，分成两片，前片三幅、后片四幅，每幅上端有三个"襞积"（即打的褶子），上齐腰、下及踝。裳两片的四周镶有缘边，称为"綼緆"，大总统裳镶赤地金锦、一至四等裳镶蓝地金锦、五等裳镶本色缘边。除大总统裳上装饰有云海纹外，其余各等裳均无任何纹饰。

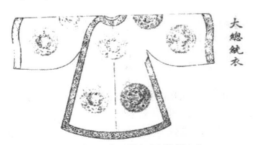

大总统衣（《祭祀冠服制》）

大总统裳（《祭祀冠服制》）

三、中衣：白色丝织品制作，均为右衽交领，大总统中衣领镶赤地金锦缘边、文武各官中衣领镶蓝地金锦缘边、士庶中衣领镶素缎缘边。

四、带：宽三寸，前有结，并有垂带二条（称为"绅"）。大总统带用赤地金锦、朱里，文武各官带用蓝地金锦、素里，士庶带不用锦，随裳色，丝织品。

五、靴：用皂色丝织品、粉底，大总统至士庶款式相同。

穿着顺序及层次：亦有明确规定，据《祭祀冠服图》："凡着祭服，先着中衣，次系裳后幅，再系前幅，乃着衣，加带，垂绅。"

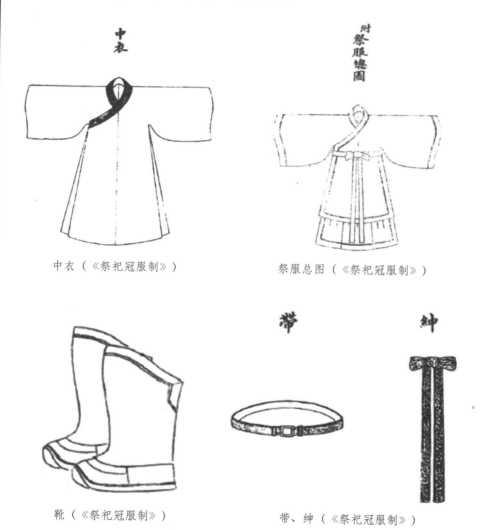

中衣（《祭祀冠服制》）

祭服总图（《祭祀冠服制》）

靴（《祭祀冠服制》）

带、绅（《祭祀冠服制》）

民国十七年（1928年），取得全国统治权的南京国民政府废止了北洋时期的服制规定。民国十八年（1929年），民国政府重新颁布《民国服制条例》，取消了欧式燕尾服，取代以经过西化改良的清代满式袍褂衣裙等。1936年，民国政府又颁布了《服饰修正条例草案》，为了纪念孙中山先生，将其依据西式服装改良设计的中山装定为男子公务员制服。1942年的《国民服制条例》，规定"女子常服与礼服都仿如旗袍的改装"。

总之，清末民初，出现了小规模的汉服复兴，但很快被政治势力所利用异化。不过民国时期仍然存在着汉服的星星之火，社会中汉服的身影也不时出现，等待着历史新的发展机遇。

1929年祭孔仪式上的传统服饰（汉服、满服）

1947年辅仁大学社会系的汉式学位服（中间为陈垣先生）

二、现代服饰和汉服复兴

1949年新中国成立之后，一些过去流行的服饰渐渐隐去，如旗袍、长袍马褂被打上"旧社会"的烙印，西装则成为西方资本主义文明的象征。带有革命色彩的服饰如中山装、列宁装和"布拉吉"（苏式连衣裙）等广为流行。虽然新中国并未颁布服制，但是被西方称之为"毛装"的中山装是许多年间新中国事实上的国服，在国家重大仪式场合领导人就要穿着中山装。此时港澳台地区，则基本延续民国时代的穿着格局，受西方文化影响，与现代时尚潮流紧密相连。

1968 年，台湾地区在推行"中华文化复兴运动"的大背景下，"祭孔礼乐工作委员会"更订祭祀典礼，认为释奠礼是中国的传统祭典，应采用本国衣冠，不宜用舶来之"西装"。遂依阙里旧制，并参考《宋史》《大明集礼》《乐律全书》《乐学轨范》《南雍志》《三礼图》等史籍，突出"礼""容"特征，改进并颁定了祭孔释奠礼着装要求。其对献官、礼生、乐生、舞生、麾生、节生的服装要求有着极其详尽的规定。总体上将汉式礼服与民国时代的官定礼服——蓝长袍配黑马褂相结合。

改革开放后，穿西式服装逐渐成为开明、时尚的体现。西方文化、港台流行文化的遍及，极大地改变了大陆地区的穿着方式。全体中国人的穿着又融为一体，追求时尚、强调美观，是人们共同的追求。

随着历史的发展，先是"亚洲四小龙"的崛起，后是中国改革开放的辉煌成就，中国人乃至整个中华文化圈的民族自信、文化自信都在恢复。人们开始"寻根"，提倡恢复和弘扬传统文化，但由于"近因效应"，人们印象中的"传统"乃是指最近的"传统"，故而在笼统的"古装""传统服饰"概念中，人们首先想到的也是距今最近的清式服装。

2001 年上海黄浦江畔，APEC（亚太经济合作组织）各与会经济体领导人身穿"唐装"合影，成为这次盛会一大亮点。新设计的"唐装"成为上海 APEC 的关键词之一。"唐装"的"唐"并不是指唐朝，原本是外国对中国的称呼，后许多海外华人也自称"唐人"。而"唐装"本是外国对中国服装的通称，后被取用为 APEC 这套服装的名字，从而成为西化清代满式马褂的通称。

"唐装"的出现引发了一系列影响。一方面，它符合大多数人对"传统"的印象，又与"新千年""民族复兴"等民族情感相共鸣，因此流行一时；另一方面，有人对其提出质疑，并追问中国真正的传统服装是怎样的，这引起了"服饰大讨论"。相关质疑又分为两方面，一方面是"唐装"以及旗袍只能代表近代中国，不能代表五千年的文明史，另一方面是中国的主体民族是汉族，而"唐装"与旗袍都不能代表汉族的主流文化。在此背景下，"汉服"的概念就从"古装""传统服装"等概念的遮蔽状态下被解放出来，重新获得了"汉民族服饰"和"中国传统服饰代表"的身份，进而自历史的深处走出。

在对自身民族传统的追问中，沉寂多时的汉服，又重新出现在人们的视野中，这一次汉服复兴的特点是，从民间兴起，借网络流行。汉服复兴运动秉承着"重整衣冠、再造华夏""华夏复兴、衣冠先行""始于衣冠、达于博远"等理念，极大地切合了时代的脉搏。汉服复兴的并不仅仅是一件衣服，更是与之相关的文化、精神、信仰。如果说民国时期的复兴是昙花一现，那么这次复兴则是方兴未艾、星火燎原；民国时期汉服主要在国家礼制中出现，这次复兴则深深扎根民间，特别是得到了大批年轻人的参与和支持，表现出较强的生命力。

2002年有网友发表文章《失落的文明——汉族民族服饰》，明确提出"汉民族服饰"问题，引发人们的关注与思考。此后有人开始自发研制汉服，并在生活中穿着。2003年11月22日，一位普通的工人王乐天穿汉服上街。这件事经新加坡《联合早报》报道，产生了很大的影响，从而将汉服从网络话题变为社会话题。这一系列事件，标志着网友与媒体习称的"汉服运动"，即有意识地恢复汉族传统服饰的活动，逐步在全球华人中间开展起来。因此，2003年也被称为"汉服运动元年"。汉服复兴至今已有十余年的历史，从一开始人们不知"汉服"为何物，到今天在许多领域产生重要影响，汉服复兴在不断前行。

网友"青松白雪"的第一件自制汉服（转引自杨娜《汉服归来》）

汉服重现，网友"壮志凌云"在郑州商业区、公交站（转引自杨娜《汉服归来》）

拓展阅读：华夏衣冠三千年·散记（节选）

文：蒹葭从风

衣冠的意义靳露于上古，其蓝图形成于周代，自此，交领右衽、褒衣博带、行云流水的衣裳延续三千年之久。悠悠岁月里的故事，溯洄从之，道阻且长。我就从源头慢慢聊起。

遥远的惊心动魄化作娓娓道来。在茹毛饮血、刀耕火种的蛮荒上古，"黄帝、尧舜垂衣裳而天下治"。

这淡漠的一句，却是一个艰辛的惊人之举。那时天下在为安身果腹而挣扎，礼仪、章服的理想显得如此不合时宜，但无论如何，它渐渐深镌于华夏二字，后来成为一个族群的族名。华夏族先民带着这个心念走出苦寒狞厉的上古时，这两个字愈发神奇，堪如颛顼的曳影神剑，无形的力量将这片土地上的族群划分为明显的两类。此后很长一段历史时期内，这两个类群之间的恩怨纠葛、交流碰撞都会围绕这个关键词展开。

西周到春秋末，是中国历史上难以置信的理想时代。它洋洋洒洒了六百多年的风雨日月，书画出浓重的君子之风。周人是沧桑却诗意的民族，他们带领华夏走出巫风弥漫，步入郁郁人文，怀着对衣裳和礼仪的信仰，画出了心中的文明蓝图，稼穑着心中的中正平和，含蓄深沉，以及端庄雅正。

大争之世在三家分晋的兵戈声中拉开帷幕。诸夏间的整合、华夷间的碰撞陵谷跌宕。圣人叹：礼崩乐坏。其实纵观历史便得知，这小规模的崩坏实在不算什么。秦人扫八荒灭六合，海内一统。这个铁血民族也拼尽了几百年的悲壮，璨若流星划过天边。秦尚法家，曾简六国衣冠礼制。秦虽出于戎狄之间，毕竟是华夏边缘，所以这次易服只是简化了繁复的周制，如同将一棵繁丽的花树修去了几多枝条，而华夏衣冠的形态依然如故。

汉承秦制，西汉也是一身黑衣地敬天礼地，另外再加上高祖发明的具有浓郁楚风的竹皮冠。秦的阳刚加上楚的阴柔，酿成汉的魅力，想来也别有风趣。直到板荡的天下终于安定，终有人想起先秦时代天子华丽的玄纁、章纹和冕旒。可这时，悠悠岁月已过去了近百年，焚毁的礼书残简已腐烂在了土中。汉文帝、汉武帝、淮南王刘安、王莽等人似乎都关心过修复旧制礼服的事，却不知为何一直未能落实，这件事一直拖到了东汉。

东汉孝明皇帝在永平二年，怀着对上古理想的憧憬，使人在遗留下的有限典籍中考订加推测，礼乐衣冠得以重生。此时的十二章纹与周礼图案一致与否已不得而知，但毕竟，这个视衣冠礼仪为理想的民族又找到了根的感觉。这一切如《后汉书》所载："秦以战国暨天子位，灭去礼学，郊祀之服皆以袀玄（一种全身纯黑的深衣制礼服），汉承秦故，至世祖践祚，都于土中……显宗（汉明帝）遂就大业，初服疏冕，衣裳文章，赤舃絇屦，以祠天地，养三老五更于三雍，于时至治平矣。"

从汉明帝一直到三国，中华大地上热火朝天却没有太多的对外冲突，太平笙歌与英雄辞赋相交于耳。这一时期还深入发展了思辨和哲学，崇尚道家返璞归真的情趣使得衣裳更加飘逸灵动，如竹林七贤的当风大袖，如洛水女神的杂裾飞髾。民族间的交流也平和地进行着，汉灵帝就是一位尚好异域风情的君主，一时间，胡服胡床胡饭胡舞胡箜篌大兴，"京都贵戚皆竞为之"。不过玄衣纁裳、黼黻衮衣始终出现在礼制的最高场合。华夏民族开始自信地将自己称为"衣冠上国"和"礼仪之邦"。

然而，这种一手持干戈，一手持耒耜的理想生活并未持续太久。东晋的混乱正遇上世界史上游牧民族第一次泛滥的高峰。五胡乱华，以夷变夏，那是一个不堪回首的"华丽"血时代。河洛士族衣冠南迁，奠定了如今岭南一带的客家文化；北方大地则成为胡人们秣马的牧场。不过即使在大碰撞时期，华夏依然是个诱人的字眼，它毕竟代表了令人钦羡的发达文明。虽然这些草原民族们蝗虫般屠掠而过，还好没有将文明毁得面目全非。就像古罗马人灭了古希腊，却在某种程度上沿袭了他们的文化。

至隋朝结束了三百多年的乱世阴霾，华夏衣冠礼制废乱久矣。匡复河山，同时也是衣冠修复，隋唐天子们所依据的依然是华夏蓝图——周礼礼制。繁荣带来了前所未有的绚烂色彩和五花八门的异域风情，而天可汗的大唐盛世依然谨奉着民族幼年时代种下的理想。虽然经常幞头袍衫绔褶乌鞮地纵马击鞠，却一定会冕旒玄纁黼黻赤舄地郊祀天地。祭服、朝服一丝不苟，但胡服元素为唐代及后世的公服系统做出了巨大贡献，唐代官员身穿圆领缺胯窄袖袍衫、著戴幞头革带皮靴办公时，的确十分利落。尽管唐风如此缤纷通达，但综观新旧唐书的舆服（车服）制、通典、会要等礼典可以看到，此时的舆服礼乐制度甚至比前朝更为恪守周礼。这些制度还被日本留学生虔诚地搬回自己的文化，延续至今。

晚唐、五代，曾经强盛一时的突厥民族呈衰退递减之势，而华服霓裳在靡靡余音和飘遥风雨中花枝招展，竟有了迟暮牡丹那般摄人心魄的慵倦之美。

天下大势分久必合，陈桥兵变以至大宋开国。唐宋中间隔了沙陀人兴盛的五代，不算太长的混乱虽未造成衣冠礼乐的断裂。但毕竟每次重生多少还会有些变异。宋代勘订礼制，同唐代一样向周礼看齐，整理了唐代残留的礼书，基本遵循唐制（其实也就是周制），但毕竟失落了一些细节，比如唐礼服中的"方心曲领"本是接于中衣领处的白色曲形领围（可参考阎立本的"古帝王图卷"、章怀太子墓壁画的"礼宾图"），但不得实物的宋人只能按照自己的理解复原出了一个带有方形项坠的半环形"项圈"（可参考宋人画"武则天像"）。这种方心曲领被纳入后世礼服系统而传承，后来还被韩国人取经回去。如今在韩国的礼乐场合，在他们引以为荣的"民族服装"上，我们都可以看到这条赫然触目的"方心曲领"。

宋代从开国起就呈现出一种柔和和温软的气象。大唐的雄浑气魄转成细腻理性精致富庶的民情民生。宋代舆服制度与唐制并无太大差别，不过清新素雅的审美趣好却在唐代衣冠形制的基础上发展了常服。胡风式微，简洁的襦裙、褙子、袍衫大行其道。然而，清明上河图卷的墨迹还未干透，汴京的明月已被金人的铁蹄踏碎。靖康之耻，衣冠南渡。仓皇北顾中，依然带着那遥远苦涩的心念。

此时的江北故事，似乎又重演了南北朝的剧情，党项契丹女真，围绕着"华夏"这一古老的关键词，一面虎视向南，一面逡巡左右。辽初建国时，衣冠分为两式：汉族官吏用五代后晋之服制，称"汉服"或"南班服制"；契丹之衣则称"国服"或"北班服制"。而到了重熙元年时，南北官吏凡大礼干脆均着汉服，只有常服仍分两式。后来金国大致也走了辽国路线，只是女真人对华夏衣冠的态度稍显犹疑，这里可借用六百年后他们后裔的一番总结。1637年四月二十八日，清主皇太极对他那些主张衣冠汉化的大臣们分析了保持满族固有传统的重要性，提到了一段金国历史："金熙宗及金主亮废其祖宗时衣冠仪度，循汉人之俗，遂服汉人衣冠，尽忘本国言语。待至世宗，使复旧制衣冠，凡言语骑射之事，时谕子孙勤加学习。此本国衣冠言语不可轻变也。"

天有不测风云，未及女真人完成对华夏衣冠"批判地接受"过程，金国便灰飞烟灭。中国历史也迎来了世界史上第三次、也是最高涨的一次游牧民族大兴起。所向无敌的蒙古狂飙扫过其他草原民族及农耕民族，在欧亚大陆驰骋出广袤的金帐汗国。令人咋舌的武功下，却不能忽视其不善统治稳固政权的特性。杀戮和征服之后，他们对所占领的文明表现出一种相对随意的态度，比如衣冠礼制往往兼容并蓄。《元史·舆服志》有："参酌古今，随时损益，兼存国制，用备仪文。"在他们身上还可以看出一种草原民族普遍的矛盾心态：一方面有对华夏文明的钦慕，元英宗时厘定的官服制度就直接大量搬用了汉人的舆服礼乐；另一方面，在种族等级制度的硬道理下，质孙服、姑姑冠、辫发髡首左衽顺理成章地凌驾于交领右衽、峨冠大袖之上。

这一时段，华夏衣冠虽没有被彻底毁弃，但已堕于社会底层。外垂衣裳、内修辞章的士大夫理想破灭，也没有了进退亦忧的治世追求，颓废间放歌纵酒，杂剧曲艺乃大兴。曾经的衣冠上国如明日黄花，依稀的华夏神韵成为戏台上一方惆怅的旧梦。

游牧民族浪潮总是来去匆匆，不到一百年，一位普通的汉族农民在元末的兼并战争中推翻了蒙古人建立的元朝，在应天府（南京）建国，国号明，年号洪武。洪武帝朱元璋先后降服了散布各方的政权，江山终归一统。而后，他便着手摒除外族服饰、兴复华夏衣冠的工程："壬子，诏衣冠如唐制"。这项事业甚至持续到永乐等几位明帝之后。如今我们看到，二十四史中《明史·舆服志》最为细致，且修订不断。大约因为衣冠中断的时间有点长，毕竟隔了十一个元帝及近一百年时光。衣冠面目有几分模糊，重生相对要困难许多。

洪武元年，学士陶安请制定冕服，而实用主义的太祖则指示礼服不可过繁，于是《明史·舆服志》有了这样的记载："祭天地宗庙服衮冕，社稷等祀服通天冠、绛纱袍，馀不用。" 洪武三年，又更定"正旦冬至圣节并服衮冕，祭社稷先农册拜亦如之。"这样，极大简化了延续约两千年的周礼"六冕"制。自此，冕服成了帝王家的专属。明代的朝服、公服基本延续唐宋的品色、服制。较有特色的是衣前的补子，按照"文禽武兽"的规则标识品级。

明代后，中华民族的审美有了微妙的变化。洪武三年，礼部官员搬出了服色五德说，认为明以火德王天下，应尚赤。从此红色逐渐成为中国人极偏好的色彩，直到今天，我们的传统节日盛典中还常是那耀眼的红彤彤一片。《明史·舆服志》中服制相当细致，甚至细到不同等级命妇间霞帔的色彩纹样坠形、凤冠上的花树翡翠珍珠。每每至此，总不免释卷一叹，遥想中古以前那些抽象飘逸的衣裳，发觉我们的民族审美已由写意从容转为一个苛求细节的境况。

大明江山最终成为华夏衣冠的末代。每读衣冠史，心里多少会因此涂上悲凄的一笔。事实上，明朝的确是一个让人百感交集的朝代。漫漫三百年，他飘摇坎坷边患不断，国事跌宕社会发展，各种思潮激流翻涌，文化科技经济军事皆达到了相当的高度，出现了惊人的繁荣，甚至一度繁荣到了奢靡。

……

中华民族的神奇之处在于，重生的意念几乎镌刻在骨子里。也许人们都以为明代是华夏衣冠的绝代，然这种服饰在消弭了三百六十年之久后，重新绽放出新鲜嫩芽。一些人在历史深处找到了尘封已久的华夏衣冠，它有些像大家熟视无睹的古装。

2003年正巧又是一个甲申年，衣冠断代整六个甲子。2003年10月，郑州一名普通工人王乐天穿着"古装"出现在了现代人面前。他从自己住的小区出门，在繁华的闹市区漫步，衣袂飘飘地出入商店、快餐厅、公车等，从容不迫地做着日常的每一件事。后来，他被称为"汉服"上街第一人。

网络的普及，促成思想文化迅速交流及发展。有一些汉服网站开始建立。他们开始扭转"汉族没有民族服装""旗袍马褂是汉族服装"的观念。很巧，从那一年到如今，国学等传统文化回归的热潮几乎与之并辔而行。次年，曲阜的祭孔仪式在群众的意见下采用了明代的衣冠礼仪，那是三百多年来首次以华夏衣冠祭祀华夏人文圣贤。

汉服的概念宛如夏日疾雨，很快成为热门的文化名词。但这次的衣冠复兴依然前途未卜，这个故事还不知道结局。这个时代毕竟是信息时代，文化现象尤为错综复杂，所谓"汉服"的事业，从一开始就不是一帆风顺，内部不断存在着意见的分歧与重组，外部更有来自社会各个阶层的质疑与认可，眼看已形成一种鲜明的文化争议现象。

从 2004 年年底开始，汉服实践者们逐渐不再仅限于像王乐天那样穿着上街，而逐渐注意到了与衣冠所连缀的事物。按照先人的观念，没有礼仪之邦便无衣冠上国。衣冠礼仪不可分离犹如华夏二字惯于连称一样。于是，一个个被人遗忘的传统节日、礼仪被重新拾起：冠礼、笄礼、昏礼、射礼……上巳节、花朝节……一个个似曾相识的陌生名字在似曾相识的陌生衣冠的演绎下出现在现代社会。

"三日曲水向河津，日晚河边多解神。树下流杯客，沙头渡水人。""百花生日是良辰，未到花朝一半春。""长安城中月如练，家家此夜持针线。""闲听竹枝曲，浅酌茱萸杯。"……这些诗词也不再只是一种作古的文化风景——那些穿着汉服的青年们说：流传千年的风俗为何不能重现于世？

衣冠的重生，简直是一个永不休止的故事。纵观三千年的生命历程，似乎也很有理由相信，它很可能与所寓寄的文化将一同沉浮生灭、兴衰枯荣……

对于华夏文化主要传承者的汉民族来说，她有着一个极有深意的好听名字，汉的意思即为银河。银河象征着深邃宽广、博大精深、横亘千古、与世长存。华夏衣冠的故事似乎也很冗长，历史老人絮絮叨叨讲个没完，但我这文章却该结束了，不妨就以银河与衣冠发几句感慨做个结尾：

> 维天有汉，有裳有衣。
> 曷以为之，烟霞云霓。
> 何彼襛矣，于归之姬。
> 钟鼓思乐，望贤思齐。
> 薄言我衣，襟带天地。

资源链接

（一）汉服发展历程

1. 现代研究

（1）沈从文：《中国古代服饰研究》，上海书店出版社，2011 年

（2）周锡保：《中国古代服饰史》，中央编译出版社，2011 年

（3）孙机：《中国古舆服论丛》，文物出版社，2001 年

（4）孙机：《中国古代物质文化》，中华书局，2014 年

（5）撷芳主人：《Q 版大明衣冠图志》，北京大学出版社，2016 年

（6）陈雪亮：《唐五代两宋人物名画》，西泠印社出版社，2006 年

（7）周天：《中国服饰简史》，中华书局、上海古籍出版社，2010 年

2. 网络资料

（1）蒹葭从风：《华夏衣冠三千年·散记》《罗衣何飘飘，轻裾随风还——漫谈汉服》，天汉民族文化网

（2）张梦玥：《论现代汉服体系的建立》，发表于汉网

（3）汪家文（"独秀嘉林"）：《汉服简考——对汉服概念和历史的考证》，广州岭南汉服文化研究会网站

（二）汉服复兴

1. 文献典籍

《祭祀冠服制》，政事堂礼制馆刊行，民国三年（1914 年）八月

2. 现代研究

（1）《民国元年和十八年"国服"制度之研究》，陈建辉，《美术观察》，2006(11)

（2）周星：《新唐装、汉服与汉服运动——二十一世纪初叶中国有关"民族服装"的新动态》，《开放时代》，2008（3）

（3）周星：《汉服之"美"的建构实践与再生产》，《江南大学学报（人文社会科学版）》，2012（2）

（4）周星：《本质主义的汉服言说与建构主义的文化实践——汉服运动的诉求、收获及瓶颈》，《民俗研究》，2014（3）

（5）李春丽、朱峰、崔佩红：《基于亚文化视角的青年"汉服文化"透视》，《当代青年研究》，2015（1）

（6）杨娜（兰芷芳分）：《汉服归来》，中国人民大学出版社，2016 年

3. 网络资料

（1）杨娜（兰芷芳分）：《汉服运动大事记》（2003 年至 2013 年），百度汉服吧

（2）月曜辛：《（扫盲）清末民初小规模汉服复兴历史》，百度汉服吧

第四章　冠服制度

华夏冠服制度深受华夏礼乐文明的影响，与各种礼仪相匹配，不同场合的都有特定的冠服制度。祭祀有祭服，朝会有朝服，处理公务有公服，婚嫁有吉服，服丧有丧服，从军有戎服等，从帝王将相到庶民百姓居家时都穿便服。今天的汉服复兴并非复古，但是在特定礼仪场合仍然需要标志性的衣冠符号。梳理历史上的冠服制度，有利于我们今天服饰文化的继承与发展。

第一节 祭服庄严

"国之大事，在祀与戎"，华夏文明非常重视祭祀。祭服是祭祀时所穿的礼服，为各类冠服中最庄严、最贵重的服饰。《礼记·曲礼》说：君子"虽寒不衣祭服"，就是指出祭服平时是不能随便穿着的，只能用于特定的祭祀场合。视祭礼之轻重，祭服分别有数种形制。

一、帝王冕服

孔子曾经称赞大禹说："禹，吾无间然矣。菲饮食而致孝乎鬼神，恶衣服而致美乎黻冕，卑宫室而尽力乎沟洫。禹，吾无间然矣。"指出大禹自己饮食清淡，祭祀鬼神的祭品却很丰盛；平日衣服粗劣，祭服却很华美；住室低矮，却尽力兴办农田水利。其中的"黻冕（fú miǎn）"就是指代古代最重要的祭服形式——冕服。

"黻冕"中的"冕"指古代帝王、诸侯及卿大夫所戴礼冠，以十二旒为贵，专用于帝王。如亲王、番邦王（如李氏朝鲜）也可戴冕如九旒冕。后世专指帝王的皇冠，引申出"加冕""卫冕"等词；"黻"在这里通"韨（fú）"，亦作"芾"，指古代祭服的蔽膝，用熟皮做成，形似围裙，系在腰间，其长蔽膝。一套完整的祭服，除了"黻冕"之外，还有衮（gǔn）和舄（xì）等。衮即衮衣、衮服[8]，就是天子及高级官员诸如祭祀及庙、遣上将、征还、饮至、践阼、加元服、纳后、元日受朝等重

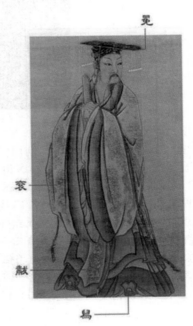

（南宋）马麟《道统五祖像·夏禹》，台北故宫博物院藏

---

8 《逸周书·世俘》说，武王克殷后举行大祭祀时"服衮衣"。则远在西周初期衮衣已被视为最隆重的礼服。衮衣在西周金文中常作"玄衮衣"，则衮衣应为玄色即赤黑色。《释名·释首饰》："衮、卷也，画卷龙于衣也。"诸说并以为衮是卷龙，画卷龙之衣则名衮衣。衮冕即着衮衣而戴冕。

大活动时所穿的礼服。舄[9]为复底之鞋，鞋底通用双层，上层用麻或皮，下层用木。作为古时最尊贵的鞋，多为帝王大臣穿。通常用于祭祀、朝会，行礼时不畏泥湿。这一套祭服又称"冕服"，冕服制度蕴含"礼治"和"德化"的思想，影响极其深远，一直到民国初年的祭祀冠服制度还能看到其传承。

按照周朝的礼仪，天子、公卿、士大夫参加祭祀，必须身着冕服，头戴冕冠，呈现出"君臣通用"的特点。那么如何区分不同的身份？周代的冕服等级从高到低分为六种，主要在冕冠上"旒"的数量、长度以及衣、裳上装饰的"章纹"种类、个数等上面做文章。

冕[10]是礼冠中最贵重者，相传起于黄帝，至周代时始完备，但周代以前的冕冠形制至汉代已失。汉初祭祀，多用长冠。至东汉明帝时，特诏有司及儒者参稽经籍，重新制定冕冠制度。冕外黑色，里朱红色。冕顶有长方板，前圆后方，寓意天圆地方，称

（明）鲁王九旒冕（山东博物馆藏，汉服北京供图）

为綖（yán）板，后高前低，略向前倾。綖板的前端缀有数串小圆玉，谓之旒（liú）。冕冠又称"冕旒"。唐代王维有诗云："九天阊阖开宫殿，万国衣冠拜冕旒。"

冕旒的多少和质料的差异，是区分身份、地位的标志。周礼中，天子之冕十二旒，即用五彩的丝线12根，每旒贯12块五彩玉，按朱、白、苍、黄、玄的顺次排列。五彩丝线为藻穿玉，玉、藻相映互饰，所以有"玉藻"之称。诸侯依次为公：九旒，每旒缀九颗玉，仅用苍、白、朱三彩；侯、伯：七旒、七玉；子、男：五旒、三玉。旒除表明身份外，据说还寓意遮挡住戴冠者的视线，使之目不视邪，后世"视而不见"成语由此而来。

周代冕冠制度一直延续到明代。但明太祖认为古制太繁，只允许在特大典礼中采用衮冕之服[11]，而且只有皇帝、太子、亲王、郡王及世子可备，冕服自

---

9 汉刘熙《释名•释衣服》："履，礼也，饰足所以为礼也。 复其下曰舄；舄，腊也。行礼久立，地或泥湿，故复其末下，使乾腊也。"其制始于商周。

10 《后汉书•舆服志下》："冕冠，垂旒，前后邃延，玉藻。孝明皇帝永平二年，初诏有司采《周官》、《礼记》、《尚书•皋陶篇》，乘舆服从欧阳氏说，公卿以下从大小夏侯氏说。冕皆广七寸，长尺二寸，前圆后方，朱绿里，玄上，前垂四寸，后垂三寸，系白玉珠为十二旒，以其绶采色为组缨。三公诸侯七旒，青玉为珠；卿大夫五旒，黑玉为珠。皆有前无后，各以其绶采色为组缨，旁垂黈纩。郊天地，宗祀，明堂，则冠之。"自此之后，历代相袭，然形制则递有变易。

11 洪武元年，学士陶安请制五冕。太祖曰："此礼太繁。祭天地、宗庙、服衮冕。社稷等祀，服通天冠，绛纱袍。馀不用。"三年，更定正旦、冬至、圣节并服衮冕，祭社稷、先农、册拜，亦如之。十六年，定衮冕之制。

此成了皇室的专属。明代冕服制度数经演变，其中使用时间最长、较有代表性的是永乐三年所定冕服。

明代冕又称平天冠，仍然包括綖板和旒。綖板下为长条形玉衡，用以承托綖板并固定在冠武上。玉衡两端垂充耳一对，充耳用玄纮(dǎn，丝线)系黈纩(tǒu kuàng，黄绵所制的小球)和白玉瑱(tiàn，玉珠)各一颗，悬于冠冕之上，垂两耳旁，寓意着提醒戴冠者要注意勿轻信谗言，"充耳不闻"成语即由此而来。冠武是冠的主体部分，圆筒形，用竹丝编成胎，再冒以皂(zào，黑色)纱。朱缨从冠武两侧缨纽处向外穿出，系结并虚悬于领下。冕加在发髻上，要横插一玉笄(簪)，以别住冕。另有朱纮一根，一端系在冠武左侧玉簪(簪脚)上，再从领下绕至冠武右侧，仍系于玉簪(簪首)上，余端下垂。戴着这种冠冕，戴冠者自然不能左顾右盼而只能正襟危坐了。故而有成语"冠冕堂皇"，其本意就是形容人仪表的庄严。

衮即衮衣，基本形制为"玄衣纁裳"。黑中扬赤即为"玄"；纁色多解释为赤黄色。华夏文化中玄为天色，纁为地色，故最为神圣。衮衣上的图案称为"十二章纹"，即十二种固定的文饰，或画或织或绣在天子及诸侯的官服上。一种文饰称为一章，以饰章的多寡来表示等级，每一章有特定的含义。

衮服十有二章。玄衣八章，日、月、龙在肩，星辰、山在背，火、华虫、宗彝在袖，每袖各三。皆织成本色领褾(biǎo)襈(zhuàn)裾。褾者袖端。襈者衣缘。纁裳四章，织藻、粉米、黼、黻各二，前三幅，后四幅，前后不相属，共腰，有襞积，本色綼裼。亦有上下各六者。

日

月

日：太阳图案，绣于上衣的左肩处，与右肩的月亮相对，取光明照耀之意。
月：月亮图案，绣于上衣的右肩处，与日相对，亦取光明照耀意。

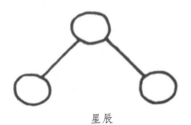
星辰

山

星辰：星象图案。绣于日月图案之下，或绣于后背，取光明照临意。

山：山石图案，绣在上衣，取其稳重。

龙

华虫

龙：双龙图案，一龙向上，一龙向下。取龙应变之意。

华虫：雉鸟图案。雄的雉鸟尾长，羽毛鲜艳美丽。取其文丽之意，寓意穿用者有文章之德。此外，亦有雉性本质耿介这一说法。

宗彝

藻

宗彝：宗庙彝器图案。器物表面常以虎、猴为图饰。相传虎威猛，而猴智孝，取其忠孝之意。

藻：水藻图案，为水草形。常位于下裳，隐义为文采。唐孔颖达疏："藻为水草，草类多矣，独取此草者，谓此草有文，故也。"

火

粉米

火：火焰图案，取其光明之意。

粉米：白米图案，取其滋养化育之意。

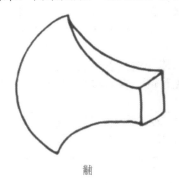

黼　　　　　　　　　黻

黼：黑白相次的斧形图案，刃白身黑，取其决断之意。

黻：黑青相次的"亞"形图案，隐义为背恶向善。这里为"黻"的另一含义。

二、男性祭服

周代凡有祭祀之礼，为天子、卿大夫皆穿冕服，唯有章文、垂旒的数目差别。到了明代，冕服才成为帝王的专属。冕服分为六种服色：大裘冕、衮冕、鷩（bì）冕、毳（cuì）冕、缔冕、玄冕。冕服制度代有沿革，但是基本形制长期延续。

《周礼·春官·司服》："王之吉服，祀昊天上帝，则服大裘而冕；祀五帝，亦如之。享先生，则衮冕；享先公、飨、射，则鷩冕；祀四望山川，则毳冕；祭社稷五祀，则希冕；祭群小祀，则玄冕。"

大裘冕：又称"裘冕""大裘"。帝王祭天之服。穿大裘而戴冕冠，故称。通常由冕冠、羔裘、蔽膝、大带、珮绶等组成。冕冠去旒，裘以黑羊皮为质。祭昊天、祀五帝时则服之。上衣绘日、月、星辰、山、龙、华虫六章花纹，下裳绣藻、火、粉米、宗彝、黼、黻六章花纹，共十二章。

衮冕：用于帝王祭祀先王，也用作上公礼服，唯纹饰有别。由冕冠、冕服、蔽膝、大带、珮绶等组成。天子冕冠用十二旒，每旒用珠玉十二颗；冕服绣十二章（周代以后，因将日、月、星三章画于旌旗，天子衮衣则用九章）。（宋《三礼图》作火在上衣，而藻在下裳）。公之衮冕降王一等；即冕冠用九旒，每旒用珠玉九颗；衣裳绣九章。所绣龙纹亦有不同；天子

大裘冕（宋）聂崇义《新定三礼图》

衮冕（宋）聂崇义《新定三礼图》

之服有升、降之龙，公之服只用降龙。

　　鷩冕：用于帝王及诸臣祭祀先公、行飨射典礼。上衣绘华虫、宗彝、藻三章花纹，下裳绣火、粉米、黼、黻四章花纹，共七章。（宋《三礼图》作火在上衣，而藻在下裳）。因为纹样以华虫为先，华虫即雉鸟，古名"鷩"，故称为"鷩冕"

　　毳冕：用于帝王及诸臣祭祀山川。衣、裳分制：衣用玄色，画虎蜼、藻、粉米三章；裳用纁色，绣一黼、黻二章。共五章。毳本指鸟兽的细毛，借指老虎，宗彝图案中有虎。

　　絺冕：亦称"希冕""绣冕"。"絺"读为"希"，通"黹"，即谓刺绣，此服上衣下裳皆以绣，故名。用于帝王及公侯祭祀五谷之神及五色之帝时服之。由冕冠、冕服、蔽膝，大带及珮绶等组成，衣用玄色，衣绣粉米；裳用纁色，上绣黼、黻。

　　玄冕：亦作"元冕""禅冕""卑冕"。用于帝王及诸侯参加祭群小祀及大夫助祭时所服（群小即林泽坟衍四方百物）。其制出现于商周，玄衣纁裳，衣不加章饰，下裳绣黻一章花纹。[12]

鷩冕（宋）聂崇义《新定三礼图》	毳冕（宋）聂崇义《新定三礼图》	絺冕（宋）聂崇义《新定三礼图》	玄冕（宋）聂崇义《新定三礼图》

12　《周礼·春官·司服》："司服掌王之凶吉衣服，辨其名物，与其用事。……祭群小祀则玄冕。"在唐代则为五品祭服。在宋代用作诸臣祭服。按六冕之中，玄冕最卑，故亦称"禅冕"。

这一制度既体现了身份等级，但又是"在朝君臣同服"，君臣冠服远不如后世差异之大。

据《周礼·春官·司服》：公之服，自衮冕而下，如王之服。侯伯之服，自鷩冕而下，如公之服。子男之服，自毳冕而下，如侯伯之服；孤之服，自绨冕而下，如子男之服。卿大夫之服，自玄冕而下，如孤之服；士之服，自皮弁而下，如大夫之服。

王：大裘冕、衮冕、鷩冕、毳冕、绨冕、玄冕、皮弁

公：衮冕、鷩冕、毳冕、绨冕、玄冕、皮弁

侯伯：鷩冕、毳冕、绨冕、玄冕、皮弁

子男：毳冕、绨冕、玄冕、皮弁

孤：绨冕、玄冕、皮弁

卿大夫：玄冕、皮弁

士：皮弁

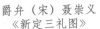

爵弁（宋）聂崇义《新定三礼图》　　士玄端（宋）聂崇义《新定三礼图》

以上的规定都是天子礼服。周代诸侯百官可用冕服从祭，按其等级从天子往下递减，主要以旒数和章数区别。士助祭于公（大夫）则可假用大夫级别的爵弁而祭，着玄衣缥裳。士私家祭祀则用士级别的玄端服。玄端本为春秋战国时的朝服，多用黑色布帛制作，其形端庄方正，故称"玄端"。

周礼的冕服制度长期沿用，如唐代规定，五品以上官服衮鷩毳绨玄等各等冕服"助祭及亲迎则服之"。群官私祭时则另有祭服，如唐制，依等级用玄冕、爵弁、进贤冠、远游冠等祭服。同样的，朝服主要用于朝会，但有时也可代替祭服用于祭祀，其尺度各有不同。

明朝废除六冕制度，只保留衮冕，而且为皇室王族专属。但是为百官制定由梁冠、青衣、赤裳等所组成的祭服。传统祭服制度至此为之一变。明代祭服整体形制与朝服是一致的，关于祭服的大部分细节记载都在"朝服"条中。明代朝服、祭服见于会典的记载有两次定制，一次洪武二十六年，一次嘉靖八年。嘉靖年间对大礼服均作了较大的更订，形成了最后的定式。

洪武二十六年定，一品至九品，青罗衣，白纱中单，俱皂领缘。赤罗裳，皂缘。赤罗蔽膝。方心曲领。其冠带、佩绶等差，并同朝服。又定品官家用祭服。三品以上，去方心曲领。四品以下，并去珮绶。嘉靖八年，更定百官祭服。上衣青罗，皂缘，与朝服同。下裳赤罗，皂缘，与朝服同。蔽膝、绶环、大带、革带、佩玉、袜履俱与朝服同。其视牲、朝日夕月、耕耤、祭历代帝王，独锦衣卫堂上官，大红蟒衣，飞鱼，乌纱帽，鸾带，佩绣春刀。祭太庙、社稷，则大红便服。

着明代祭服的祭孔仪式（2016年3月河北正定文庙春季祭孔大典）（礼乐嘉谟供图）

今天民间祭祀，尤其是汉服活动中祭祀岳飞、文天祥、夏完淳等民族英烈时，多借鉴明制祭服。但实际上，根据明制，祭服是文武大臣陪同天子，举行国家高等祭祀时的着装，是最隆重的礼服之一，并非不论何祀都用祭服。早在宋《朱子家礼》载：家祭，主人率众丈夫深衣、主妇率众妇女褙子，皆是当时流行的服制。

《大明会典》记载祭祀所用服饰："凡上亲祀、郊庙社稷、文武官分献陪祀，则服祭服。""祭之日质明、主祭以下各具服：主祭者、先居官则唐帽束带，妇人曾受封者则花钗翟衣，士人未为官者、则幅巾深衣，庶人则巾衫结绦，妇人则大袄长裙、首饰如制。"

三、女子祭服

王有六冕，后有六服。根据周礼，后妃随帝王参加祭祀、册封、朝会等典礼。掌管王后的穿着为"内司服"。《周礼·天官·内司服》："掌王后之六服：祎（huī）衣、揄（yú）狄、阙（quē）狄、鞠（jū）衣、展衣、缘衣。"

"六服"的前三种用于祭祀，从王祭先王则服祎衣，祭先公则服揄翟，祭群小祀则服阙翟。后三种用于朝会。后妃着祭服从祭于天子，然而后妃不可以参祭天地四方，唯有先王先公等人鬼祭方可。因为祎

宋仁宗皇后像（局部）台北故宫博物院藏，图中皇后头戴九龙纹钗冠，面贴珠钿，翟衣绶带用环佩。翟衣为深青色地。

衣、褕翟，阙翟，均绘翟（通"狄"）鸟纹，故统称"翟衣（dí yī）"或"三翟"。与翟衣相配用的有大带、蔽膝及袜舄等。"鞠衣、展衣、缘衣"虽然列为"朝服"，但是常在祭祀中采用，故而一并介绍。

袆衣：从王祭先王所穿着，位居诸服之首，是王后最高形制的礼服。衣服整体上采用上下连属的袍制，传递出女德专一的寓意。面料用玄色，夹里为白色，用以衬托衣纹的色彩。将彩绢刻成雉鸡之形，加以彩绘，当作纹饰缝在衣上。

褕翟（揄翟、揄狄）：后从王祭先公服褕翟。其形制为袍制，面料用青色、夹里用白色。褕翟也是王太子妃最高级别的礼服。

阙翟（阙狄）：后从先王祭群小祀则服阙翟。上至后妃、下至士妻，均可穿着。其形制采用袍制，面料用赤色、夹里用白色。阙有空缺之义，衣服上的雉形不画为彩色，故名阙狄。

袆衣（宋）聂崇义　　　　褕翟（褕狄）（宋）聂崇义　　　　阙翟（阙狄）（宋）聂
《新定三礼图》　　　　　《新定三礼图》　　　　　　崇义《新定三礼图》

鞠衣：王后亲蚕礼的礼服。亲蚕礼：古礼，每年三月，由王后出面主持祭祀，祷告桑事。九嫔、卿妻则在朝会时穿着。衣服采用袍制，面料用黄色、衬里用白色。《三礼图》集注："鞠衣者，后告桑之服也。案后郑云：鞠衣，黄桑之服，色如鞠尘，象桑叶始生。《月令》：三月，荐鞠衣于先帝，告桑事。"

襢（zhàn）衣（展衣）：朝见帝王以及接见宾客之服，衣式采用袍制，表里皆用白色。"襢"是素雅、无文彩的意思，唐代孔颖达疏："襢，展也。"

褖（tuàn）衣（缘衣）：衣身镶有边沿，采用袍制，用黑色面料、白色衬里。"褖"是衣服包边的意思，古文褖为缘。是士的礼服。《礼仪·士丧礼》："爵弁服纯衣，皮弁服褖衣。"郑玄注："黑衣裳赤缘谓之褖。褖之言缘也。所以表袍者也。"也是士妻的命服。《礼记·玉藻》："再命祎衣，一命襢衣，士褖衣。"郑玄注；"此子、男之夫人及其卿大夫之妻命服也。……诸侯之臣皆分为三等，其妻以次受此服也。"

鞠衣（宋）聂崇义《新定三礼图》　　襢衣（展衣）（宋）聂崇义《新定三礼图》　　褖衣（缘衣）（宋）聂崇义《新定三礼图》

　　周制六服是后妃礼服的模式蓝本，后世在此基础上或有变易。直至明初洪武四年，因文武官改用梁冠绛衣为朝服，不用冕，故命妇亦不用翟衣。

　　总的说来，在官方，周礼所奠定的祭服制度，包括特定的祭服和朝服用于祭祀，一直延续至明代，民国初年有一定的复兴。在民间，随着衣裳制礼服逐渐为深衣制礼服所取代，士玄端祭服逐渐不再流行。后来一般的家祭大多并无特定祭服，而以朝服代之。连朝服也没有的人家，祭祀者为表心诚，斋戒沐浴，穿一身洁净的衣服就可以了。

　　"西子蒙不洁，则人皆掩鼻而过之；虽有恶人（丑陋的人），斋戒沐浴，则可以祀上帝。"

——《孟子·离娄下》

今人设计祭服方案：女子着褖衣，男子着玄端（蒹葭从风 绘）[13]

第二节 朝服公服

古代的礼仪制度，对于不同场合下应该穿什么服饰，有着明确的规定。一个古代的官员，除了家常穿用的衣服以外，至少还要准备三套服饰：朝服、公服、祭服。这三种服饰都是礼服，也称"法服"[14]。与礼服相对应的是常服，也称便服、野服。有的时候也称公服为常服[15]，这是用语上的不统一。

一、朝服而朝

孔子说："朝服而朝"（《礼记·玉藻》）朝服，又称为"具服"，一为祭祀时穿的礼服，视祭礼的轻重，有数种形制。多用于祭神、宗庙及亲蚕之礼。

---

13 根据三礼文字资料绘制的着祭服、持笏的现代男、女形象。并非文物复原，仅做祭服的参考和示意。作者：蒹葭从风，出处：天汉民族文化网"汉民族传统服饰·礼仪·节日复兴计划"。
14 法服有三种意思。
(1) 礼仪、法度所规定的衣冠服饰。上自天子，下至庶民，尊卑等各有分别。《孝经·卿大夫》："非先王之法服不敢服。"唐玄宗注："先王制五服，各有等差，言卿大夫遵守礼法，不敢僭上偪下。"宋孔平仲《珩璜新论》卷四："魏明帝常著帽，被缥绫半袖，杨阜问帝曰：'此于礼何法服也？'帝默然不答，自是不法服不见阜。"《宋史·舆服志三》："古者祭服、朝服之裳，皆前三幅，后四幅。前为阳以象奇，后为阴以象偶。……其制作莫不有法，即所谓朝服者。"
(2) 专指帝王之服。《汉书·贾山传》："故古之君人者于其臣也，可谓尽礼矣；服法服，端容貌，正颜色，然后见之。"《资治通鉴·齐永明四年》："甲子，初以法服、御辇祀南郊。"元胡三省注："法服，衮冕以见郊庙之服。"
(3) 道教和佛教法衣（礼服）。
15 常服有多个意思，这里泛指一种"仅次于公服礼服"的衣服或为皇族百官的公服。

制出西周，沿用于秦汉；二为古代君臣百官的坐朝议政之服，由祭服演变而来。古代在大祀、庆成、正旦、冬至、圣节及颁诏开读、进表、传制等重大典礼时，朝服作礼服用。朝服被中华文化圈国家广泛采用，日本、朝鲜、越南、琉球等均制定了朝服制度。

古代每次上朝要穿朝服。西汉武安侯田恬，穿着一件襜褕(chān yú)上朝，结果被汉武帝怒斥为"不敬"。"襜褕"是汉代的一种短衣，属于常服。虽然田恬身份不低，但还是被免去了侯爵。

皇帝受百官朝见，也要穿着朝服。三国时，魏明帝戴着绣帽，穿着半袖的缥绫衣服，接见大臣杨阜。这是皇帝在后宫的穿着，杨阜便问明帝："这于礼来说算是什么法服？"明帝默不作答，但是后来不按礼法穿朝服就不敢再见杨阜。

周代已有朝服。《周礼·春官·司服》："视朝，则皮弁服。"皮弁服就是最早的朝服。这种衣服多采用细白布制成，衣裳分制，下裳也用白色。和这种衣服相配套，头上也戴白色的冠帽：其制为尖顶，造型像两只手掌相合，名称叫"弁"。弁通常用白色鹿皮，所以又称为"皮弁"。皮弁之服不仅用于天子，士以上的男子觐见君王也可穿着，用玉饰的色彩、数量来区分身份。

卿士退朝以后回到府邸，如果要自己听朝，即朝见比自己身份低的人，则不能再著皮弁之服，而要换上"缁(zī)衣"，即以黑布制成的朝服。《诗经·郑风》有《缁衣》篇，汉代毛亨注释说："缁，黑色，卿士听朝之正服也。"

春秋战国时的朝服，多用黑色布帛制作，礼服中较贵重的一种。玄，黑色。端，端庄、方正。指衣服用直裁法为之，规矩而端正，故称"玄端"。和玄端配套的首服是委貌冠，这是和皮弁造型相似的一种冠饰。只是不用鹿皮，而代之以黑色缯绢。《礼记·玉藻》中就有"朝玄端，夕深衣"的记载，意思是说早朝为大礼，一定要用玄端朝服，到了夕朝，就可采用轻便一些的深衣。此时朝服由委貌和玄端组成的，"委端"就成了朝服的代名词。

西汉君臣朝会之服也用黑色，称为"皂衣"，只是在领袖部分缘以绛边。留下"张敞画眉"典故的汉京兆尹张敞说过："敞备皂衣二十余年。"这里的"皂衣"，就是指朝服。司马相如《上林赋》："于是（天子）历吉日以斋戒，袭朝服，乘法驾。"

皮弁服（宋）聂崇义
《新定三礼图》

玄端（宋）聂崇义
《新定三礼图》

西汉时，直裾深衣，如襜褕，逐渐由便装发展为礼服。西汉晚期又从礼服进而再发展到朝服。据《东观汉记》，公元25年（更始三年，建武元年），光武帝登基，东汉建立，原来在更始皇帝刘玄麾下的骑都尉耿纯见刘玄大势已去，遂率宗族宾客两千余人归顺。这二千余人全都穿着襜褕。可见到了东汉初，襜褕已在官场中普及，并且取代了传统的朝服。襜褕进一步发展，就成了袍。

东汉时，上自帝王，下及小吏，都以袍服为朝服。《后汉书·舆服志》："乘舆（即皇帝）所常服，服衣，深衣制；有袍，随五时色……"此时的袍服为上衣下裳不分的深衣制，因所用质料多为绛纱，故称"绛纱袍"。东汉明帝永平二年（公元59年）依据周代冠服之制，参酌秦制，制定了冕服、佩、绶和朝服等一系列制度。东汉所定朝服制度，成为后世典范，一直沿用到宋明时期。

汉朝建立后，不断有儒者建议按照儒学传统思想建立服饰制度，但都未能实行。到汉武帝时改正朔，易服色，表示受命于天，把元封七年改为太初元年，以正月为岁首，服色尚黄，数用五，但也没有规定详细的章服制度。直到东汉明帝永平二年，才按照儒学制定了官服制度。永平二年正月祀光武帝明堂位时，汉明帝和公卿诸侯首次穿着冕冠衣裳举行祭礼，儒家学说中的衣冠制度在中国正式得以全面贯彻执行。汉明帝的祭服、朝服制度包括冠冕、衣裳、鞋履、佩绶等，各有等序，它的重点在冠冕，朝服采用深衣制。

历代朝服制度的主要内容如下：

天子朝服：首服为通天冠服，外衣为绛纱袍，足衣为舄。

周文王（后人所绘周文王像，图中文王所戴为通天冠）

通天冠服仅次于冕服，为天子最隆重的朝服，为皇帝在郊、庙之前省牲以及皇太子诸王冠婚、醮戒时穿着。汉代通天冠为以铁为梁，正竖于顶，梁前有装饰。这里的"梁"是理解华夏之"冠"的重要概念。梁就是冠上的竖脊，既用作装饰，又借以辨别等级。晋代在冠前加金博山，以后历代形式也屡有变更。

秦始皇服用通天冠，汉魏之后延续。《晋书》认为"通天冠，本秦制"。南北朝时，为了推行汉化政策，北魏孝文帝"冠通天，绛纱袍，临飨礼"。北周宣帝即位，初服通天冠绛纱袍，群臣皆服汉魏衣冠。隋唐时期，通天冠服的组成为：二十四梁通天冠、大袖绛纱袍、白色中单、金玉带、黑舄白袜。宋代给朝服的领下加了一种叫作"方心曲领"（宋代的方心曲领是一个上圆下方，形似锁片

冠服制度

的装饰，套在项间起压贴作用，防止衣领雍起，寓天圆地方之意）的装饰。明洪武元年（公元1368年）参考宋制制定通天冠服，不过洪武十年（公元1377年）之后基本没有使用通天冠服的记载，会典冠服制度也不载通天冠，应是洪武之后已经不用。《明集礼》中记载通天冠服文字似录《隋书》，仅改动数字。

诸王朝服：首服为远游冠，外衣为绛纱袍，足衣为舄。

远游冠服为皇太子及亲王的最隆重朝服。远游冠为古代诸王所戴的礼冠。汉代时与通天冠类似，汉代以后历代相袭，并以梁的数量区别地位。元代以后，这种形制逐渐被废除。

文官朝服：首服主要为进贤冠，外衣为绛纱袍，足衣为舄。

进贤冠为文吏、儒士所戴的一种礼冠，因文吏、儒士有向上举荐贤能之责而得名。通常以铁丝、细纱为材料，冠上缀梁。进贤冠自元代以后叫"梁冠"。明代制度：一品七梁，二品六梁，三品五梁，四品四梁，五品三梁，六品、七品二梁，八品，九品一梁。梁冠亦是一种统称，通天冠、远游冠、进贤冠等都属于梁冠。

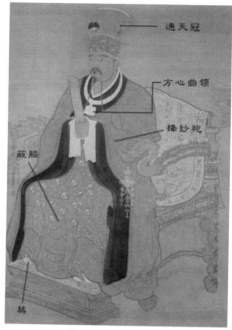

宋宣祖朝服像（宋太祖之父赵弘殷，宋建隆元年追谥）

（东晋）顾恺之《洛神赋图》（图中曹植所戴为远游冠）

明代朝服像（头戴梁冠）　　　　今人着明制朝服（汉服北京 供图）

武官朝服：首服为武冠，外衣为绛纱袍，足衣为乌皮靴。

武弁，又称纱笼、笼冠，原名赵惠文冠，秦汉用其遗制，称武弁，也称武冠，多为武官的礼冠。后来在一些文学作品中，武弁也指代武官。赵惠文冠，源于战国赵武灵王胡服骑射，效仿胡服而戴此冠。据说赵武灵王之子使之得以完善，故称。秦灭赵后，以此冠颁赐近臣，汉代继续沿用。

朝服并不是帝王百官的专用之服，后妃、命妇在参加受册、助祭、朝会时，也可以穿用。《周礼》的"六衣"，前三种专用于祭祀，后三种则兼用于朝会，即鞠衣、展衣和缘衣。唐代有一种命妇礼服叫作"钿钗礼衣"。《武德令》：皇后服有袆衣、鞠衣、钿钗礼衣三等。钿钗礼衣包括礼服及发髻上的金翠花钿，并以钿钗数目明确地位身份。明代命妇礼服则有"大袖衫"，穿着时和霞帔、褙子等服饰配用。其中的"霞帔"对后世影响深远。

二、公服为公

公服亦称"从省服"，为帝王、百官办理公务时所穿的服装。尊卑贵贱各有等差，有别于日常所著的常服及家居所著的便服。公服相当于现在公务人员所穿的制服。京官退朝后，处理日常公务时要穿公服。地方官员不能入朝，在衙门里坐公堂，也要穿公服。因为它只用于官吏，所以也被称为"官服"。公服制度曾也被日本、朝鲜等国普遍采用。

《宋史·舆服制》："凡朝服谓之具服，公服从省。"和祭服、朝服相比，公服的形制要简便得多，同时，还省略了许多烦琐的挂佩，所以公服又有"从省服"之称。宋代官员朝服和公服头上戴的不同：朝服要戴冠，公服则戴幞（fú）头。

幞头，隋唐时期男子首服中最为普遍的样式。一种包头的软巾。因幞头所用纱罗通常为青黑色，故也称"乌纱"。后世演变为"乌纱帽"。

官吏穿着专门的公服坐堂办公，大约开始于魏晋南北朝时期。《北史·魏孝文帝纪》："（太和）十年，夏四月辛酉朔，始制五等公服。"《资治通鉴·齐武帝永明四年》亦记载："辛酉朔，魏始制五等公服。"元代胡三省注："公服：朝廷之服。五等：朱、紫、绯、绿、青。"

唐代公服制度已经比较完善。公服的形制采用袍制，两袖比较窄小，以服色、纹样、配饰区分官吏等级身份，对后世公服产生了深远的影响。

贞观四年（公元630年），定公服颜色，共分为四等：一至三品服紫，四品至五品服绯，六品至七品服绿，八品至九品服青。由此，达官贵人的服装泛称为"紫袍"。青袍也称"青衫"，多被用来比喻品级低微的官吏。白居易《琵琶行》："座中泣下谁最多，江州司马青衫湿"。安史之乱之后，朝廷又颁布了新的服制，在原来的服色上分出深浅：四品用深绯，五品用浅绯；六品用深绿，七品用浅绿；八品用深青；九品用浅青。三品以上仍旧用紫色。

宋代承继唐代之制，也以服色来区分官阶，由于当时官吏所戴的梁冠已将等级划分得十分鲜明，所以公服颜色不再分出深浅，就用紫、绯（宋代也称"朱"）、绿、青四色。在百官服制中，公服是最常用的一种服装，因此也叫"常服"。《宋史·舆服志》："凡朝服谓之具服，公服从省，今谓之常服。"

宋因唐制，三品以上服紫，五品以上服朱，七品以上服绿，九品以上服青。正所谓"满朝朱紫贵，尽是读书人"。在款式上，宋代公服与唐代稍有一些区别，如虽然同用圆领，而宋代公服多用宽袖。宋元丰年间更定服制，公服只用三种颜色，四品以上用紫，六品以上用绯，九品以上用绿，取消了青色。

元代沿用元丰之制，百官公服也用紫、绯、绿三色。但又有所创新，最大的特点是在公服上绣织以花卉纹样，以图案品种、大小区分品级。穿公服时，一律戴漆纱制成的展角幞头。

元代公服的纹样：一至五品，同为紫衣，但一品饰大独朵花，花径五寸；二品饰小独朵花，径三寸；三品饰散花，径二寸，无枝叶，四、五品饰小杂花，径一寸五分。六、七品衣用绯色，皆饰小杂花，径一寸；八、九品衣用绿色，素而无纹。

明代公服与常服分制，公服用苎丝、纱、罗等材料为之，制为袍式，盘领右衽，袖宽三尺，所用颜色

明代公服像

明代常服像

和元代稍有差别。如一至四品，不用紫色，而用绯色，五至七品，青色，八至九品，绿色。袍上的纹样则和元代完全相同。根据规定，这种公服专用于奏事、侍班、谢恩及见辞之时，仅次于朝服。

（明）《徐显卿宦迹图》（局部，其中皇帝及前排官员所着为常服）

至于常朝视事，即在自己的馆署内处理公务，则穿常服。常服以乌纱帽、团领衫、革带三部分组成。

明洪武二十四年（公元1391年）朝廷定职官常服使用补子，即以金线或彩丝绣织成禽兽纹样，缀于官服胸背，通常做成方形，前后各一，文官用禽，以示文明；武官用兽，以示威武。所用禽兽尊卑不一，借以辨别身份等级。

公、侯、驸马、伯：麒麟、白泽。文官绣禽：一品仙鹤，二品锦鸡，三品孔雀，四品云雁，五品白鹇（xián），六品鹭鸶（lù sī），七品鸂鶒（xī chì），八品黄鹂，九品鹌鹑。武官绣兽：一品、二品狮子，三品虎，四品豹，五品熊罴（pí），六品、七品彪，八品犀牛，九品海马。杂职：练鹊。风宪官：獬豸（xiè zhì）。除此之外，还有补子图案为蟒、斗牛等题材的，应归属于明代的"赐服"类。

明代受有诰封的命妇，即官吏母、妻，虽然不代坐堂办公，但也

（明）《徐显卿宦迹图》（局部，官员常服）

备有补服，通常用于庆典朝会。所用纹样可按照其丈夫或儿子的品级而定，如一品命妇，可用仙鹤，二品命妇则用锦鸡，以下类推。凡为武职之母、妻，则不用兽纹，也用禽鸟，和文官家属一样，意思是女子以娴雅为美。

唐代武则天当政时，把饰有动物纹样的绣袍赐给文武官员，以此作为品级官位的区别。这一做法到明清时演变为"补子"制度。补子，系补缀于品官补服前胸后背之上的一块织物。文官的补子的图案用飞禽，武将的补子用猛兽。成语"衣冠禽兽"即来源于此，只是其含义逐渐从褒义变为贬义。

一品仙鹤　　　　　二品锦鸡　　　　　三品孔雀

四品云雁　　　　　五品白鹇　　　　　六品鹭鸶

七品鸂鶒　　　　　八品黄鹂　　　　　九品鹌鹑

杂职练鹊　　　　　风宪官獬豸

明代文官补案

一品、二品狮子

三品虎

四品豹

五品熊罴

六品、七品彪

八品犀牛

九品海马

明代武官补案

明代常服制度

品级	服色	文官常服	武官常服
一品	绯	仙鹤	狮子
二品		锦鸡	
三品		孔雀	虎
四品		云雁	豹
五品	青	白鹇	熊罴
六品		鹭鸶	彪
七品		鸂鶒	
八品	绿	黄鹂	犀牛
九品		鹌鹑	海马

拓展阅读：华夏衣冠制度若干概念

文：何志攀

1. 舆服：车服。车乘、衣冠、章服的总称。古代以此辨明等级。《后汉书》首创"舆服制"之体裁，专门记载有关规章制度、款式及源流演变等。《晋书》《旧唐书》《宋史》《明史》等皆有相应内容。

2. 章服：含义很多，主要指绘绣日、月、星辰等图案的礼服。

3. 礼服：礼制规定的服饰，泛指礼节性场合所穿的衣服。如祭祀为吉礼，穿"祭服"；凶礼穿"丧服"；军礼穿"军服"；朝见会盟为宾礼，穿"朝服"；冠婚等嘉礼，穿"吉服"。

4. 法服：礼仪、法度所规定的衣冠服饰。上至天子、下至庶民，尊卑等差各有分别。《孝经》："非先王之法服不敢服。"也可专指帝王之服。

5. 祭服：祭祀时所穿的礼服。为各类冠服中最贵重的服饰。祭祀为"吉礼"，而祭服亦可称"吉服"。

6. 吉服：（1）即祭服；（2）文武百官居丧临朝时所著之服。因凶服不可用于朝会，特以吉服代之；（3）喜庆吉礼之服，多用于冠婚、晋升等喜庆之时。

7. 命服：周代天子按爵位等级颁赐给诸侯百官及命妇的服饰。后泛指官员及其配偶按等级所穿的服饰。

8. 朝服：亦作"朝衣""具服"。君臣坐朝议政之服，由祭服演变而来。

9. 公服：亦称"从省服""官服"。帝王、百官办理公务时所穿的衣服，有别于日常所穿着的常服以及家居所著的便服。

10. 常服：（1）经常穿着的服装；（2）指皇族、百官的公服；（3）同"燕服"，普通的礼服，次于朝服、公服。

11. 燕服：职官及命妇家居之常服。"燕"指"燕居"，即退职闲居。燕服形制较为简便，区别于等级森严之祭服、朝服。文武百官可著此礼见、拜会，但不得用于祭祀及重大朝会。

12. 便服：寻常人穿着的衣服，同带有特殊标志的官服、公服等相对。也指形制简便的家居之服。

13. 微服：穿便服或常服。有身份的人为避人注目而改换便服或常服。

14. 亵服：家居时所穿的便服，包括巾帽衣履等。相对于礼服而言。一般不宜用朱色、紫色等庄严贵重的颜色。《旧唐书·舆服制》："谦服，盖古之亵服也，今谓之常服。"

15. 儒服：儒生的服饰，通常由儒冠、大袖衣等组成。

16. 野服：（1）农夫之服，贵族年终祭农时象征性地穿着农人之衣；（2）渔隐志士在野闲居之服。

资源链接

1. 文献典籍

（1）（宋）聂崇义：《新定三礼图》：卷一、冕服图；卷二、后服图

（2）（明）《大明会典》（全五册），（明）李东阳等撰，（明）申时行等

重修，广陵书社，2007年

  （3）（明）《明宫冠服仪仗图》，北京燕山出版社，2015年

  （4）（明）王圻、王思义：《三才图会》：衣服一卷（主要内容为冕服、冠巾等），衣服二卷（主要内容为明朝冠服）

 2. 现代研究

 撷芳主人：《Q版大明衣冠图志》，北京大学出版社，2016年

第三篇 服章之美

　　汉族传统民族服饰历史悠久、种类繁多，划分的方式也是多角度的。从结构上划分，汉服可分为首服（亦称头衣）、身服（亦称体衣）、足服（亦称足衣）及配饰四大部分。其中身服最为重要，历代舆服志对身服的描述向来不惜笔墨。从上下衣剪裁寓意以及所衍生的外衣搭配形制来划分，汉服则可分为衣裳制、深衣制、通裁制以及罩衫等四大类。

　　汉服在数千年的发展历程中，涌现了众多的款式，其中很多款式同根同源，跨越多个王朝传承绵延千年之久。这些款式的汉服本应作为汉民族当之无愧的传统服饰代表，但由于汉服体系研究的长期缺位，导致民间对"改正朔，易服色"形成了片面的理解，以为每个朝代服饰都大为不同，产生了"汉朝服饰""唐朝服饰""明朝服饰"等不准确的看法。为方便读者理解汉服的传承谱系，这里不以年代为序，而是在现代汉服穿用类别的基础上，按照汉服剪裁方式来加以分类说明。

第五章 华夏霓裳（上）

　　"汉服"一词，最早出现于《马王堆三号墓遣册》简四四："美人四人，其二人楚服，二人汉服"。这里"汉服"是指汉朝依照礼制建立的冠服体系。《汉书》："后数来朝贺，乐汉衣服制度"，"汉服"在这里亦指汉朝的服装

（东晋）顾恺之《洛神赋图》宋摹本（局部）

礼仪制度。随着"汉"逐渐由朝代指称变为民族和文化的指称，"汉服"的含义也演变为汉民族服饰。汉服复兴十余年来，今人根据对服饰史的研究，整理出了一套相对完整的汉民族服饰体系。服饰领域的理论研究和实践探索都说法颇多，这里采用现代汉服运动中常见的说法。

第一节 衣裳制式

《世本·作篇》："伯余制衣裳"，又说"胡曹作衣"[16]。古人把上身穿着的襦、衫、袄等统称为"衣"，大部分长不过膝；把下半身的穿着称为"裳"。《说文》："衣，所以蔽体者也。上曰衣，下曰裳。""上衣下裳"，顾名思义就是上身和下身的衣物分开剪裁、分开缝纫、分开穿着。

周代社会等级制度森严，衣冠制度作为表达礼仪的重要层面，得到了极大的发展，上衣下裳的汉服体系便在这一时期形成。

一、襦裙

"襦裙"其实是两种衣物的合称，包括上身穿的"襦"和下身束的裙子，是典型的"上衣下裳"衣制。根据《说文》所说："襦，短衣也"。早期的襦，例如从西晋至南北朝，都是有腰襕的。到了唐代，除了半臂还有腰襕，加襕的襦逐渐消减，让位给衫子。但襦裙式的上穿短衣下穿裙的习惯一直传续下来，为理解方便，现代的襦裙概念采用《说文》的定义，并不仅仅指汉晋南北朝的襦，也将汉服中大部分束裙穿着的短上衣如衫子、夹衣等也一并归为此类。襦所搭配的下裙大体可以分为片裙与褶裙，其中。汉乐府《陌上桑》中，就有"缃绮为下裙，紫绮为上襦"的描述。襦，滥觞于秦汉，盛极于魏晋，消减于隋唐，承继于宋明。

在形容民间比较华丽的盛装、礼装时，也常用到"襦"一词，中晚唐尤多，并往往冠以锦绣纹样的形容词，如"连枝花样绣罗襦"。但是这和原本意义上的襦已经脱离了。此后"襦"一词在文献中也偶有提及。

襦裙根据上襦的裁剪形式，可分为曲领[17]、交领或对襟。在实际穿着中，对襟上襦亦可穿成掩襟形式。根据上襦的袖型不同，可粗略分为大袖、直袖、小袖，至明代又发展出特别的琵琶袖。

（一）交领襦裙

交领襦裙上襦交领、右衽，下裙束在腰。上溯至周公制礼的时代，男子和女子都是有衣裙的，这可能跟轩辕黄帝"垂衣裳而天下治"的旧俗有关。但从已知文献看，正是在周代的礼乐制度的塑造下，男子和女子的着装习惯开始分道扬镳。男子礼服普遍体现为两截穿衣，而女子礼服普遍体现为上下连属。从汉末开始，襦裙逐渐成为女子常服的主要款式。同女子襦裙相比，男子的衣

16 伯余、胡曹都是传说中黄帝的大臣，是中国最早制造衣裳的人。
17 曲领襦裙，流行于秦汉时期。西汉扬雄的《方言》说道："襦，西南蜀汉，谓之曲领，或谓之襦。"东汉刘熙的《释名》记载："曲领在内，以中襟领上，横壅颈其状曲也。"

裙称为衣裳，虽然形式非常接近襦裙，但男子衣裳的上衣普遍比女子的襦更长[18]，这可能跟男女体型不同有关。在经历了春秋战国礼崩乐坏以后，秦汉连君主都用衣裳连属制的袀玄代替了衣裳制的冕服。这一改变既体现了世风的变化，也反过来深远地影响了秦汉以降男子的穿衣习惯——衣裳制逐渐退出常服序列，深衣制、通裁制成为主流。例如，从东周至汉代，男子衣裳内的深衣变成外穿的常服，再到后来发展出通裁制的袍服等，都体现为上衣下裤的形式，除士大夫朝服、祭服、一些种类的燕居服还保留有衣裳分开的特色以外，没有功名的民间男子很少有机会着裳（例如大氅），着襦裙的更是少之又少[19]。但历代民间汉族男子在深衣、袍衫外加围裙的例子并不鲜见，这与女子襦裙视觉效果是非常类似的，这种习惯也一直延续到明朝灭亡。

大袖交领襦裙(如梦霓裳 供图)

窄袖交领襦裙（重回汉唐 供图）

（二）对襟襦裙

对襟襦裙，上襦为直领，衣襟呈对称状，故称对襟襦裙。现代多在内部搭配以抹胸或者交领中衣。下裙束于腰间，裙外可加围裳，增添了层次美和重叠美。

古代对襟襦裙既有充当正装的常服款式，又有充当盛装的礼服款式。做常服时，多将窄袖上襦和抹胸搭配，夏季穿着凉爽舒适。做礼服时，女子多将广袖上襦、披帛、华丽头饰搭配起来，极具唐风且常有叠穿的习惯。从敦煌莫高窟壁画中供养人（佛教出资出力、开窟造像的施主和捐助者）的着装看，对襟

18　《释名•释衣服》：“玄端，其袖下正直端方，与要接也”。要，即腰，也即衣袂下端和玄衣底端高度平齐。《周礼•春官•司服》郑玄注：端者，取其正也。士之衣衣袂皆二尺二寸而属服，是广袤等也。（除两边留出燕尾掩裳际外，玄衣衣长与裙长度类似。）

19　而在朝堂之上，从东汉明帝起，男子衣裳制才恢复了在礼仪上的最高地位，天子、亲王、臣子的朝服、祭服等，都恢复了交领衣搭配围裳的基本形式。

对襟襦裙(重回汉唐 供图)　　　　　　　《韩熙载夜宴图》 宋摹本（局部）

襦衫袖宽大多达到四尺以上，搭配高腰长裙、半臂、披帛、高髻等，发上还簪有金翠花钿，绚丽多彩，雍容华贵。

敦煌莫高窟壁画•供养人　　　　　　　　对襟襦裙(锦瑟衣庄供图)

华夏霓裳（上）

（三）齐胸襦裙

齐胸襦裙是当代汉服复兴中对隋唐五代时候一类裙衫的总结性称呼。这类裙衫常与半臂、披帛、大袖衫搭配穿着。在古代，一般女子的裙子束的都不是很高，而隋唐五代时期出现了一种裙腰束的非常高的裙衫，裙子采用一片式多条梯形布进行拼接，衬得身材俏丽修长[20]。在现代，齐胸襦裙以其雍容的形象和巧妙的剪裁，成为广为流行的款式。

《捣练图》局部

《捣练图》是唐代画家张萱的代表作。上图描绘的是一群妇女用杵捣一种名为练的丝绸的情景。练初织成时质地较硬，需煮熟后加漂粉用杵捣后才能柔软。图中妇女都穿窄襦，肩上搭有披帛。这种窄小的衣袖、齐胸的襦裙，以及襦裙上的纹样，均为典型的唐代样式。

齐胸襦裙最早见于南北朝，流行于唐代。经历了隋、唐、五代，大约有1000年的历史。唐代的壁画以及塑像中，常有将裙子高束于胸上、肩搭披帛的女子形象出现。五代之后齐胸襦裙逐渐淡出历史舞台。

齐胸襦裙（菩提雪传统服饰 供图）

齐胸襦裙 （锦瑟衣庄 供图）

20 齐胸裙如果按照普通的工字打顺褶方法制作，则十分臃肿。唐人采用的是拼接裁剪大摆裙的手法，即"十四破""十六破"等，才使得齐胸裙修长动人，上身如人鱼之形，俏丽丰腴。具体效果可参见存世隋唐陶俑。

（四）袒领襦裙

袒领襦裙也称袒领服，U领襦裙，是现代汉服复兴中对唐代一种半袒脖胸的裙衫的总结性称呼。袒领襦裙的上襦衣料多为纱罗制品，外罩坦领半臂，下配长裙，充分体现了唐代女子的婀娜身姿和自然之美，真可谓"慢束罗裙半掩胸"，"参差羞杀雪芙蓉"，"绮罗纤缕见肌肤"。唐代女子服饰，基本上是上身是衫、襦，下身束裙，肩加披帛。袒领为一种穿着效果，其制作方式可有很多种，如开襟，如套头，如圆领衣交襟穿成对襟的方式等等，但由于尚无大量出土文物印证，尚不能完全明确其裁制方法。

唐代壁画中的袒领襦裙

袒领襦裙（锦瑟衣庄 供图）

二、袄裙

袄裙是一种汉服搭配的统称，是襦裙制的变体。由于往往为衣遮裙，故而单独分类。上衣为袄、衫（单层为衫，双层为袄），下裳为裙。上袄有短袄、长袄、立领袄三种，下裙一般搭配百褶裙或马面裙。袄裙的穿法是上衣穿在裙子外面，掩住裙头。袄裙兴盛于元明时期。

（一）袄

"袄"的名称来源于"襦"。汉代上衣一般统称为"襦"。后来人们逐渐将上衣称之为"衫"和"袄"。"衫"和"袄"的区别在于，"衫"是指衣长不过膝或齐膝的通裁短衣（单层），而"袄"是指有絮填物或采用毛皮制作的短衣。结合现代人的理解习惯，"袄裙"一词中的"袄"指代的是不扎进裙里的上衣的统称，即包括"袄"和"衫"。到了明代，上袄袖口往往收起做成琵琶袖，袖口可有缘边，领子加护领。

1. 短袄

短袄长度及腰或长至大腿上半部分，覆于裙外，领型有交领、圆领、方领等。

2. 长袄

长袄是加长版的上袄，也称大袄。在明代，长袄是女性较为正式的外套，款式与男子道袍相似。早期多为交领右衽[21]，衣身两侧开衩，但不接双摆。明代后期，长袄衣领的形式发生了一些变化，竖领袄逐渐成为主流款式。竖领又称明立领，其剪裁方式为"直领断裁，提领钮合"。即将交领袄的左右领只装一半，在裁断的下端加纽扣，在穿着时将两边领的下端提起扣合。这和清代在无领衣的领口上缝一圈元宝领的结构是完全不同的。竖领一般用在女装上，通常搭配两侧打褶、前后留有裙门的"马面裙"。袄裙可独立穿着，也可穿在礼服长袍之内作为搭配。

交领短袄（重回汉唐 供图）

交领长袄、织金襕裙（礼乐嘉谟 供图）

（二）马面裙

马面裙，又称"马面褶裙"，盛行于明代[22]。马面裙的两侧为褶裥，身子前后正中有一块光面，俗称"马面"，由两幅裙片交叠留出裙门，行动间裙褶展开，静立时裙子自然下垂，一动一静间颇具美感。有一些会在底摆有织绣的襕，也有一些没有裙襕或者有两条裙襕（底襕和膝襕）。

---

21 元末明初，甚至部分地区到明中期，都曾有短暂的左衽穿法（参见15世纪朝鲜人崔溥所著《漂海录》）。但左衽不符合华夏民族一直以来的文化习惯，多为少数地区的女装，再者至明后期仍改回右衽，于今则不应提倡左衽穿衣。除竖领长袄外，亦有圆领斜襟长袄、圆领对襟长袄、竖领斜襟长袄、竖领对襟长袄，方领长袄。

22 马面裙由宋代旋子、旋裙演变而来。唐代许多文艺作品中描绘了齐腰合抱褶裙，在正面、两侧共三个合抱褶，行走时效果接近裤装，似也可视为马面雏形。但真正的马面裙肇始于明代。

交领长袄配马面裙　　　　　　　袄裙（麒麟补女官衣；织金马面襕裙）
（重回汉唐 供图）　　　　　　　　　　（汉服北京 供图）

第二节 深衣制式

　　深衣制即"衣裳连属"制，遵循古制而上下分裁，为了方便最后再缝缀，因此衣服还是一体的样式。"深衣"之名取"衣裳相连，被体深邃"之意（《礼记·深衣》孔氏正义）。广义的深衣指上衣和下裳相连在一起的服饰[23]，狭义上单指由《礼记》记载、历代大儒考证出来的儒家理想服饰。本节深衣制式取其广义之说。早期的深衣以湖北荆州马山战国墓出土的上下连属式袍服和湖南长沙马王堆汉墓出土的绕襟式长衣为代表。

　　深衣制汉服主要包括分裁的曲裾绕襟袍、直裾袍，以及儒家的制度化深衣[24]。

一、曲裾绕襟袍

　　裾裾是指衣服的前襟（亦称大襟）。曲裾（jū）绕襟袍是一种非常古老的外衣款式，一般穿在中单之外。所谓绕襟是指衣服在穿着时衣襟越过人体侧面朝后包绕的穿衣方式。或者说"曲裾"应是一类袍服在穿着状态下所显示出来的一种局部状态。曲裾绕襟袍通常都要续衽，即在腰部上下的衣衽上续接衣片，以形成交领和绕襟的效果。需要注意的是，曲裾绕襟袍既可以由三角形续衽围裹出双绕乃至三绕的效果，同样可以由直裾袍提拉前摆绕出双绕或三绕效果。能实现几绕既跟续衽衣片大小有关，也跟人的胖瘦和衣服宽大程度有关。衣服

---

23 孔颖达《礼记正义》："所以称深衣者，以余服则上衣下裳不相连。此深衣衣裳相连，被体深邃，故谓之深衣。"
24 制度化的深衣也可以表现为直裾或者曲裾的样式。

越宽大，绕数越多。西汉深衣上肥下瘦，且曲裾低于腰线，很可能是为了增加所绕圈数。曲裾绕襟袍的袖型可以有直袖、广袖、垂胡袖等，但袖长须回挽至肘。在汉代，曲裾男女皆可穿，而今日多作为女性仪装或舞服，在当代汉服活动中穿着更为常见。

　　曲裾的出现，有一说是与汉族服饰最初没有连裆的裈裤有关，虽然彼时的开裆裤叠披甚多，并无走光之虞，与今日婴孩之裤不可同日而语，但对于礼制规范极其严格的周代来说，下摆有了这样几重保护就合理并合礼得多。因此，曲裾袍在未发明裤的先秦至汉代较

海博物馆藏彩绘木俑 战国时期（琥璟明 供图）

为流行。另有一种可能，是曲裾可供男女更长时间的正坐——曲裾能紧紧束住大腿，如同绑腿一样提供支持。由于男子需要从事更多体力活动，男子曲裾袍的下摆比较宽大，绕襟圈数更少，以便于随时站起和行走；而女子的则更加紧窄，紧贴双腿绕裹，有利于长时间正坐。从出土的战国、汉代壁画和俑人来看，很多女子曲裾袍下摆都裹束甚紧，袍的下摆或者中单呈现出"喇叭花"的样式。东汉以后，男女虽然仍旧正坐，但是供倚靠的凭几被更广泛运用，人们不用裹紧双腿正坐时也能比较舒适。由此，男子曲裾越来越少，而曲裾作为女子衣装的形式保留

马王堆曲裾复原作品（摄影 希音居士）

的时间相对长一些。直到东汉末至魏晋，女子深衣式微，曲裾逐渐销声匿迹。在接下来漫漫的历史长河中，大行其道的女服是襦裙。

　　曲裾绕襟袍虽然裁剪方式是上下连属的深衣制，但它是外衣，藏得一点也不"深"。无论是接成三角形衽片还是把直裾下摆提起当作三角衽片绕襟，都需要在腰部缚以大带以压住三角衽片的末梢带或以带钩来固定。穿着曲裾绕襟袍，必须要同时穿着中单、内衣裤，不可不加中单单独外穿。

　　市面上流行的曲裾绕襟袍中，有一种是根据长沙马王堆汉墓出土的曲裾袍进行的复原，爱好者称之为马王堆曲，

形制的大众认可度较高。马王堆这件曲裾袍本身是续衽绕襟的，但要体现绕襟的形象则不必非续衽不可。比如，只要直裾袍做得足够宽大，就既可以绕襟，也可以拖地不绕襟。例如湖北省马山一号楚墓小菱形纹锦面棉袍（复原品如上页左下图），根据汉服考古研究学者琥璟明按原尺寸复原，证明这件直裾袍可以绕成曲裾（见下面图）。

马山一号楚墓小菱形纹锦面棉袍（琥璟明供图）

二、直裾袍

绕襟式曲裾的设计出发点是为了让袍服的下摆包裹得更加的严密，更加符合礼制，利于正坐，甚至还有节省衣料的目的。在现代人看来，曲裾绕襟能凸显女性的身材曲线，显得古朴清雅，因此人们更乐于在仪礼场合使用曲裾绕襟袍。但也不是所有的袍服都必须绕襟，同时期也存在另一种袍服，即衣襟在体侧垂直而下的直裾袍。直裾袍上下分裁后缝合，上身衣襟续直角衽边，与下摆所续直角梯形拼接起来。较为宽大的直裾袍因有余量是可以绕襟的，更贴合身形的直裾袍则不绕襟。直裾袍适合行动，在曲裾绕襟袍极盛的西汉，官吏的公服往往是直裾袍。

一说直裾谓之襜褕，《说文》将"襜"解释为"衣蔽前"，"肺"即"前"的异体字，也就是说这种衣服的衣襟只遮挡前部，而没有朝后包绕。结合其他汉代文献来看，襜褕实际上有长有短，有肥有瘦，尽管襜褕也有长衣，但在汉代成不了"正装"的原因正是因为襜褕相对较短，没有绕襟功能。没有绕襟功能而且比禅衣宽大，又不带蔽膝的襜褕穿着当然不如有绕襟袍那样约束，所以襜褕在汉代属于"便装"行列。衣襟在体侧垂直而下，也就是后人总结出的直裾特征。

汉代以后，由于内衣的改进和席居正坐生活器物的发展，盛行于先秦及西汉前期的绕襟曲裾已属多余，本着经济胜过美观的历史发展原则，至东汉以后，直裾逐渐普及，成为深衣的主要模式。魏晋之后，襦裙兴起，女子直裾深衣逐渐退居到仪礼服领域，例如王后之六服：袆衣、揄狄、阙狄、鞠衣、襢衣、褖衣（《周礼·天官·内司服》）就都是采用直裾深衣的形制。

仿汉马王堆墓直裾袍（汉服北京 供图）　　仿汉燕尾直裾袍（汉服北京 供图）　　按原尺寸复原湖北省马山一号楚墓小菱形纹锦面棉袍，可以由直裾绕成曲裾（琥璟明 供图）

三、儒家深衣

　　《深衣》是《礼记》的第三十九篇。郑玄《礼记目录》曰："名曰《深衣》者，以其记深衣之制也。"关于深衣的形制，从东汉经学家郑玄始至当代学者，历来诸家聚讼不已。历代儒者但凡学有所成者，都对研究深衣形制十分有兴趣。

　　关于对深衣的研究，比较出名有宋儒司马光的"温公深衣"（司马光册爵为温国公）、朱熹在司马温公的基础上考据出来的"朱子深衣"、明儒黄宗羲的"黄梨洲深衣"[25]。清儒江永的《深衣考误》和任大椿的《深衣释例》中亦有他们对深衣的全面见解，有不少研究者认为他们两位的研究成果是目前最博采众长、考证精审的，但受限于清代统治者的压制，两位并无制衣实践的机会。此外，至今有很多的明代深衣文物出土，以及明人身着深衣的容像很多，我们不妨称之为明制深衣。相比明代，其他朝代的都只能依据该朝代学者的理解和描述来进行复原。

　　当今汉服发展中较为出名的儒家深衣是"朱子深衣"，即根据朱熹的《朱子家礼》中的记载考证复原的款式。为儒生仰慕先贤所服，后来士人也服，多用于祭祀场合。直领（没有续衽，类似对襟）而穿为交领，下身有裳十二幅，裳幅皆梯形，代表一年十二个月；衣袖呈圆弧状（"规"），领为直方形（"矩"），

25 黄宗羲著有《深衣考》收录宋明五家大儒的深衣制作方式，同时阐述了自己的深衣主张。梨洲深衣制作穿着方便，很有推广意义。

代表做人要规矩；后背中缝从颈至足直线垂下、腰间大带垂至脚踝，代表为人要正直；下襟与地面齐平，代表着权衡。领、袖、襟、带均有缘边，代表着包容和约束。朱子深衣在海外的影响也很大，日韩服饰中有相当部分礼服都是在朱子深衣制度的基础上制作的。

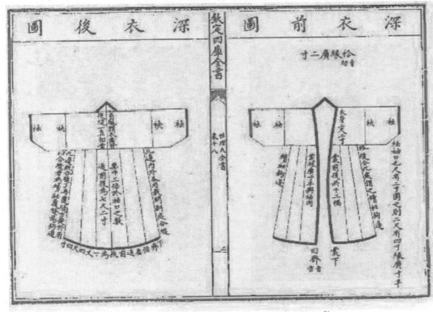

《朱子家礼•深衣制度》（局部）[26]

四、襕衫

襕衫流行于宋明，得名于下摆处装饰有一道横襕。为恪守深衣制，下摆只到膝盖，再续接布料至脚背，又加衣缘，以象征上衣下裳缝合一体，两侧不开衩。为男子长衫，多为学子穿着。也有人认为襕衫是圆领袍衫的一种变体，襕衫与圆领袍的主要区别是襕衫受深衣影响有衣缘而圆领袍无衣缘。

现今常见的襕衫式样是在宋代儒生服饰的基础上，在明洪武二十四年由明太祖钦定：衣用玉色绢布，宽袖，黑色缘边，黑色绦带，带钦巾，后来改儒巾，衣服也改成蓝色。凡是举人，未及第的人都这样穿，称之为宋明校服也不为过。特别的，最开始襕的作用是慕古深衣，因此襕衫也可以被称为一种特殊的儒家深衣。

---

26 以今天的剪裁知识看，儒家文献中的深衣图例往往是"灵魂画手"，显得比例失调，比如袖长画得太短，领口平摊时的画法跟穿着时的效果难以对应等。但图例中对深衣各个组成部分的注解，却为今天的复原工作提供了多项佐证，有利于研究者体会和领悟三礼文献中的很多语焉不详或者佶屈聱牙的内容。

《新唐书·车服志》记载:"是时士人以棠苎襕衫为上服……中书令马周上议:'《礼》无服衫之文,三代之制有深衣。请加襕、袖、襈、裾,为士人上服……'"这一记载明确表述了襕衫在唐代即已出现。至明代,圆领襕衫使用更为广泛,明代小说中对襕衫多有描写,一般视为秀才等人的装束。还出现无膝襕襕衫:下摆处的衣缘较宽,而取消了膝襕,料想是以衣缘代替膝襕的象征意义。多以蓝色布料制作,乡间也称作"蓝衫"。而有横襕的襕衫也并未消失。

明代容像(儒巾、襕衫)

襕衫(汉服北京 供图)

拓展阅读:襦裙与衫(袄)裙小史

文:半隐 Kune、曹长君

一、襦裙

上身穿的短衣和下身束的裙子合称襦裙,是典型的"上衣下裳"衣制。

襦有单、复之分。单襦近乎衫,复襦则近袄,襦的形制一般为短衣带衣缘下接襕[27]。裙子则多为"数破裙"[28],颜色不拘。

二、衫(袄)裙(现代汉服发展习惯称之为"襦裙")

自南北朝襦裙逐渐消亡之后,在唐代,原本内穿的衫(袄)子逐渐地位升高,形成了衫子长裙的便服式样。从隋唐时期的长袖上衫(袄),窄袖短身,随着历史的不断演变,衣身逐渐加长,到明后期达到巅峰时期。领式袖式也逐渐多种互相搭配形成多种样式。裙装从最初单一的"间色百破裙"也逐渐向多种形态进化。

袄与衫本质上是相同的,也就是说衫袄本一体。但是袄一般作为上服之内的

27 襕,即衣身下摆延展的一块回围布料。
28 这里的"数"可为数字七、八、九等。"破裙",现常用于表示多幅布料拼接之意。

阿斯塔纳出土襦裙俑偶（永昌国王 拍摄）　　甘肃出土襦裙（湖北 晓雨 供图）[29]

衣服用于保暖，所以同样形制的一件衣服，袄比衫短几厘米。

衣裳制男装几乎不存在于魏晋之后的日常穿着，因此以下基本是言及女装。

（一）唐制裙衫

唐代女衫子身长很短，大多不及腰，五代马缟在《中华古今注》中还将其发源附会至秦代，称"始皇元年诏宫人及近侍宫人皆服衫子，亦曰半衣，盖取便于侍奉"，虽不尽可信，但至少可知时人观念中，衫子因身短又可称为"半衣"。初唐盛唐衫子袖窄，文物形象多如此，诗词小说中也往往有"红衫窄裹小撷臂""香衫窄袖裁"等描述。

衫子领式有很多种。从壁画、绢画、陶俑等文物图像上看，有直领对襟、圆领对襟、圆交领等等，随流行而变化。引人注目的是，唐代衫子领口往往开得很低，尤其武周、开元前后，酥胸半露的形象极多。作为日常普遍穿着的上衣，衫子的用料十分丰富，以较轻薄柔软的绫、罗、绢、布为主，颜色则紫、绯、红、青、黄、白各色均有，似无禁忌。较之于已经消亡的襦，一个大的区别就是少了袖缘[30]和襕。

加拿大皇家安大略博物馆藏唐代女装俑（图中女俑就是着完整一套的唐代衫裙）（百度汉服吧 丝雨晨光 供图）

唐代裙子的样式有多种，并且随流行而更替。初唐常见魏晋以来流行的间色裙，

29 此图服饰上襦与下裙中间部分为襕。现代汉服制作中，较少制作这个部分。
30 袖口的缘边。

其条纹逐渐由粗变细密，色彩丰富，但以大红间以其他色为主，日本正仓院中恰有一件紫红绫间缝裙，便是紫红相间。魏晋至初唐，文献中有两色"双裙""复裙""间裙"等称呼，或许与此有关。也有直接以两色称之，如"绛碧裙"。这时也有单色裙，以多幅面料拼接而成，上窄下宽，或有若干褶裥。

现代人复原的唐代衫与间裙套装
（凤翥斋 供图）

仿唐代裙（浙江 碧落 供图）

今人穿着衫与间裙（凤翥斋 供图）

初唐裙子的开缝处往往在正前方，可见穿法之一是由后往前围。不少裙子还可看到细肩带，则属吊带裙，从北朝、隋、初唐，一直到盛唐、中唐都不鲜见。

（二）宋代衫裙

宋代的裙衫承袭了唐代的风格，衫还是作为主要的上衣，下穿各种裙子或裤子，唐、五代时期盛行的帔子[31]在北宋也很常见。

不同于唐代，宋代的衫腰身和袖口都比较宽松，颜色也比较清淡，大红大绿较鲜见，常为间色粉紫、淡绿、银灰、月白等色。或素或绣，质朴清雅。袄与衫类似，但是颜色以红绿为主，质地较为硬挺厚重。

宋代衫的形制虽然多种多样，但是以直领大襟为主，比较宽大，贵族女子常穿这种（庶人较之稍短，袖形稍小，方便活动工作），因为衫子较之很宽博，所以被称为"大袖"（并不单纯是一种袖形）。由此可知，宋代妇女一般多以大袖为时尚，而贫穷的劳动妇女不可能服大袖，因此是为贵族妇女之时尚。

---

31 帔子，音 pèi zǐ，指古代妇女披在肩背上的服饰，即现代被称为"帔帛"的长丝带状饰品。

宋代妇女承袭唐五代的服饰风格，但较之开放的五代（不穿内衣，时常露出肌肤），宋代会内衬小衣或者衫中衬里使之不会太透。

背子[32]又名绰子，是衫的变体，衣长加长同时袖形更倾向于窄袖。"背子"一词来源甚早，但是长背子我们可以确定至少在宋代出现。宋背子的领式不拘，或直领对襟或直领大襟或圆领大襟，但以直领对襟为主。同时，背子也是男女不拘的衣物，不过直领大襟或圆领大襟只在男子公服内衬，而女子大都只穿直领对襟式。

宋代的衫一般还是配合裙子，在一定程度上直接沿袭唐代、五代裙子的遗风。特别是唐代的"石榴裙"与五代"百褶裙"。宋代裙子有6幅、8幅、12幅，多裥褶。北宋之后裙子有了较大的形制变化，裙幅以6幅为主，裥褶数量加多。例如黄升墓出土女裙，除开两侧两幅不打褶，其余每幅褶，共计60褶。

总的来说，宋代女裙分为两种形制，一则肥阔多裥褶，类似晚唐五代，流行于宋初；二则瘦长多裥褶，流行于北宋中期到南宋，一般裙长拖地，掩饰足不外露。南宋中期以后，裙长逐渐变短，已经可以露出脚面。

同时南宋也出现了或为明风马面裙的雏形。

裙子的纹饰，或彩绘，或织绣，或珍珠点缀。色彩以郁金香染成的黄为最贵，红色则歌姬乐女所穿，石榴裙为最，诗人多吟诵。青绿则老年妇女或者农村妇女所服。因此可见搭配，宋代衫裙上衫多以清秀

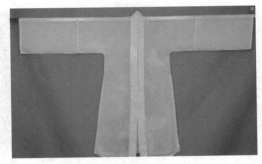

宋制对襟衫（浙江 碧落 供图）

江西德安周氏墓出土罗背子（湖北 晓雨 供图）

钱氏宋墓出土衫裙套装（湖北 梓姜 供图）

---

32 背子的名字一则《演繁露》论述："长背子古无之"，"前辈无着背子者，虽妇人亦无之"。二也有本为奴婢之服的意思，而奴婢常站于主人之后，因此为"背子"。现代汉服发展习惯称之为"褙子"。

淡雅为主，配合下身艳丽的配色。不过目前所见的文物裙可能因为年代久远基本都是素色。

除开裙子之外，因为宋代的坐具的发展，太师椅、椅子、凳子的逐渐完善，裤装也成为下服的主流。古代裤子没有裤裆，有裤裆的叫作裈。而这两者均不可作为外裤。因此上层社会妇女穿裤子，外面必须用长裙遮掩。

（三）明代裙衫

明初女子日常穿着交领，衣长较

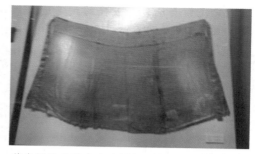

德安周氏宋墓出土素罗裙（似有明马面雏形）
（湖北 梓姜 供图）

短的小袖袄（衫）子。裙装则流行百褶裙。在袄子外通常习惯穿一件对襟直领半臂。外着这种半臂的习俗起源于宋，流行于元。在宋代或称旋袄、貉袖[33]。

明代裙衫（左上、右上：宝宁寺水陆画，左下、右下：明代容像）（朝夕须恪勤 供图）

---

33 齐膝,对襟,直领下两条窄花边,称"领抹",前后左右开衩,起舞尤其旋转时,四片下摆张开旋转,故名旋袄。

明初以后，原有的对襟式半臂不再流行，取而代之的是大襟式的半臂。但参考上面出土的实物来看，当时斜对襟的结构穿成对襟或交领的效果都十分容易，所以也很难说这两种半臂在本质上是不同的款式。明中前期，也就是弘治年前后，妇女衣衫仅掩裙腰，富者用罗缎纱绢织金彩通袖，裙用金彩膝襕。髻高寸余。而在明正统年间，三幅半拼接而成的马面裙逐渐成为主流。弘治成化以后的明中后期，奢靡之风盛行，女装的时尚流行速度加快，也更趋于华贵。女装上衣一改先前窄袖短衣的样式，开始变得宽大，并出现竖领，圆领等新领式，其中圆领异常流行。

通袖膝襕：指的是在明代的一种特定装饰手法，一般分为通袖襕和膝襕。所谓通袖襕就是指在两袖，一般表现为从两臂云肩轮廓处直抵袖口的平直线条，在袖子上形成一个长条形的纹饰区域，到明代后期，通袖襕的平直线条也变成和云肩轮廓一样的造型，使得两袖的装饰愈加丰满。膝襕在衣身前后襟接近两膝的位置，也是由平直线条构成的横向长条形纹饰区域。云肩、通袖襕、膝襕的装饰图案都使用相同的主题和元素，后期轮廓线条逐渐淡化，有时完全不用轮廓线。

通袖襕（半隐Kune 供图）

膝襕（半隐Kune 供图）

到嘉靖初期，上衣已经普遍长至大腿至膝盖处，而裙子则较短。由于上衣逐渐加长，膝襕因被遮盖而失去装饰意义，在民间便服裙装中被取消，而底襕因装饰意义加重而变宽。

到明后期，此时袄衫长度再次大幅度加长，直领大襟袄衫基本消失，立领大襟长袄衫及圆领大襟长袄衫逐渐成为主流，直到明朝灭亡。

第六章 华夏霓裳（下）

　　汉民族传统服饰发展至今已有数千年历史，在不同朝代、不同地域，主流形制款式自然也会有所不同。但是汉民族服饰在发展过程中整体上呈现"一脉相承、因时（地）而变"的特征，是一个独立而完整的服饰体系。上一章节我们介绍了衣裳制和深衣制的汉服，在这一章节中我们将详细介绍通裁制汉服以及汉服罩衫。

第一节 通裁制式

　　与深衣制不同，通裁制汉服是上下一体裁剪的长袍，包括圆领袍、直裰、直身、道袍、道服和行衣等。其中直裰、直身和道袍都是只镶领子不镶衣缘的开衩长衣。其中除了圆领袍男女皆可穿着外，直裰、直身、道袍、道服和行衣均为男款汉服。

一、圆领袍

　　在袍上加圆领可追溯至周代"方心曲领"，而后世圆领袍最早来自于北齐。魏晋南北朝后，开始作为正装穿着于外，流行于隋唐至明末，男女皆可穿着。

　　唐代日常男装就是为我们所熟知的圆领袍靴。圆领袍的领子盘于脖下，为圆形。并非套头衫，而是左襟压右襟交叠而穿。每件圆领袍有三个结：衣外右肩上一枚，衣内左肩处一枚、右侧腰间衣外又一枚。亦有四个结的圆领袍，在左侧腰间可有一枚，但由衣襟掩住，不会外露。隋唐时期汉人十分尚武，圆领袍穿着方便，直袖也便于行动，因此圆领袍在唐代非常流行。又因唐代国风开放，女性也常穿着男袍，只是较之男性，女袍有着自己独特的风格。

陕西乾县李重润墓壁画上的裹幞头,穿圆领袍衫,乌皮靴的官吏

　　唐中书令马周上议："《礼》无服衫之文，三代之制有深衣。请加襕、袖、襈、褾，为士人上服。开胯者名曰缺胯衫，庶人服之。"长孙无忌又议"服袍者下加襕，绯、紫、绿皆视其品，庶人以白。"隋唐士人遂以圆领襕衫为上服。《旧唐书·舆服志》有："开

元初，从驾宫人骑马者，皆著胡帽，靓妆露面，无复障蔽。士庶之家，又相仿效，帷帽之制，绝不行用。俄（天宝中）又露髻驰骋，或有著丈夫衣服靴衫，而尊卑内外，斯一贯矣。"

身穿圆领袍的女子（贞观唐荟要 供图）　　身穿圆领袍的男子（贞观唐荟要 供图）

　　唐代圆领袍发展出了两类，一类是开骻，即两侧开衩；一类是闭骻，在下摆处横加一条，以显示追寻祖制，亦称为"襕袍"。脖子处两侧有布扣，在如下一点的位置也有布扣，总共 4 处。唐代日常男装的完整层次，由内之外分别是内层衣汗衫、裈、袜、巾子，中层衣半臂（或长袖、袄子）、袴，外衣袍（或衫）、靴、幞头、革带。如今日的西服套装一般，里衣可单穿（比如衬衫），外衣、中层衣不必全数穿着，但有外衣则必有里衣，次序不可错乱。除此之外，男服还包括各种接鞲[34]（一种套裤）、臂鞲（gōu，套袖），以及挂于革带上的各种佩饰等，不一而足。

　　圆圆领内常搭有一件半臂。半臂即短袖或无袖上衣，交领、腰下接襕。与襕袍不同的是，半臂之襕通常为异色，并且自腰而下至膝，形似短裙。穿在袍衫之内的半臂，使男子肩背显得更加挺拔魁梧。

---

34 鞲，音yào，指靴或袜子的筒儿。"接鞲"，指的是一种套裤。

今人漫画中袒露半臂的形象 (燕王WF 绘)　　今人着圆领袍袒露半臂（英伦汉风墨辰 授权）[35]

二、直裰、道袍、直身

狭义的直裰指的是通裁制汉服里面这种两侧开裾的长衣的制式。历史上有时候直裰被用来称呼包括直身、道袍等通裁制汉服。在明代前期，直裰、直身、道袍甚至会指同一款式，到明代后期，直身、道袍、直裰基本就各有所指了。

（一）直裰

直裰也作"直掇"[36]，早在宋代已经出现，一般以素布为之。直裰大襟，交领，衣长过膝。宋朝多直袖，明朝多琵琶袖。宋代衣缘四周镶以黑边，而明代则没有镶边。因为没有横襕[37]、襞（bì）积[38]，上下通裁，故称之为"直裰"。常以腰带、络穗、绦带等系腰。

直裰最初多用作僧人和道士之服。如宋朝人赵彦卫《云麓漫钞》谓："古之中衣，即今僧寺行者直掇。"苏辙在《答孔平仲惠蕉布二绝》说："更得双蕉缝

直裰（半隐Kune 供图）　　直裰（洞庭汉风 供图）

---

35 因背景较暗，图中改着明靴。
36 直裰是长衣而背之中缝直通到下面，所以称之为直掇。也有说长衣而下面无襕的叫作直掇。
37 即前文的"襕"。
38 古代衣袍上的褶裥。

直掇，都人浑作道人看。"从苏辙的诗句可知在当时的文人中，也有穿直裰的，只是在世人眼中，这种服装仍为僧侣之服。后来，直裰逐渐在士庶阶级间流行起来，成为百姓的家居常服。现代僧人所穿的海青及道士的道装，是从大袖直裰承袭而来。道士所穿着的道装，多为深蓝色或玄色，采取传统袍的款式，两侧开衩，没有暗摆，袖长随身。

（二）道袍

道袍又叫"褶子"，道袍在这里并不是指道士穿的服装，而是在明代颇为流行的男子常服的一种款式。其形制交领右衽，长袍，多大袖，也有小袖，领子常镶白色或素色护领，收袖口，以系带系结，两侧开衩、内接暗摆。穿着时可使用带钩配丝绦，布制细腰带或者大带。

道袍、方巾（鱼汤传统服饰工作室 供图）

道袍、唐巾（鱼汤传统服饰工作室 供图）

（三）直身

直身又称"长衣""直领"，与道袍，直裰一样，是明代士人所穿着的重要服饰。直身交领，右衽，因领式斜直，故称"直领"。大袖，收口。

除士人百姓作为日常正装外，皇帝诸王的龙袍、文武官员的官服中都有大量直身款式，另外直身也可以衬在圆领袍或其他袍服下穿着。衣身两侧开衩，接双摆在外，便于骑马、出行等活动中穿着，因此使用范围非常广泛。

直裰、直身和道袍非常相似，都是只镶领子不镶衣缘的开衩长衣，三者区别主要在

直身（鱼汤传统服饰工作室 供图）

两侧双摆处。直身和圆领袍一样双摆在外面两侧。道袍双摆在内，并且缝在后襟上，从某种意义来说，就是封死了开衩。直裰则两边像宋女褙子一样开两个口，无摆。

（四）道服和行衣

道服和深衣的比较：道服在明代是交领大袖的文人服饰，其领袖衣襟和裾等处都有缘边，总体外观与深衣颇为相似，腰间也配有简式大带，还可以加丝绦。但不同于深衣的衣裳连属不开衩，道服为通裁制，两侧开衩而缀有内摆。

道服和道袍的比较：道服的名称和道袍仅一字之差，两者都是通裁制，但是道服和道袍还是有明显区别的：首先，道服有衣缘，道袍一般没有。其次，道服与道袍虽都为大袖，但道袍一般袖口会封口，而道服不封口。

行衣和道服的比较：行衣的外观和道服很相似，也是交领大袖的服饰，在明后期是官员和士人燕居出行服。区别在于，行衣为出行方便，两侧是开衩的，没有内摆。另外，行衣多为青衣蓝缘，可能也是为了出行不显得过于风尘仆仆的缘故。

明代人物容像图中的道服

行衣（洞庭汉风 供图）

罩衫，顾名思义，就是穿在衣服最外层的汉服。根据形制的不同可分为褙子、披风、大氅、比甲等。从某种意义上说，并没有特定的款式作为外衣，但是这里略微列举一些较常用的款式形制。

一、半臂

半臂，又称半袖，是一种短袖衣物。男女皆可穿着，男子半臂多着于外衣之内，用以衬托身形挺拔壮健。女装更为常见，可搭配交领襦裙、齐胸襦裙等。半臂有交领和对襟直领，袖长齐肘，身长及腰。汉代俑常见在曲领单襦外穿着半袖，袖缘为褶皱状。唐代李贺《唐儿歌》有云："竹马梢梢摇绿尾，银鸾睒光踏半臂"，可见当时半臂的风采。

唐代壁画着半臂形象　　　　直领对襟半臂配襦裙与披帛（锦瑟衣庄供图）

在唐代文书记录中，"半臂"特指男子半臂，而称女性半臂为"背子""短袖"。为短袖或无袖短衣，其领式有圆领对襟、直领对襟多种（现代汉服发展习惯不分男女将这种形制统称为半臂）。

二、褙子

又名"背子"，对襟的女子罩衫，盛行于宋代，长袖且多为窄袖。今人按照衣长分为长、短褙子：短褙子至腰侧，长褙子至大腿或膝下[39]。衣服两侧开

---

39 宋代时褙子一般只有长褙子，今日为了归纳方便，将对襟直领衫子都归结为褙子。

袄，宋时腋下常有双带垂挂作为装饰。现代汉服里面常上配抹胸或交领上襦，下着长裙或宋裤。

宋代褙子

褙子配抹胸、长裙（锦瑟衣庄供图）

抹胸

抹胸是覆盖在胸前的贴身小衣，为宋代内衣的形制，常用土布（棉制品）制成。富贵人家多使用罗绢，缀以彩绣。抹胸因可将整个胸腹遮住，又称"抹肚"。根据时节不同，抹胸有夹有单，既可遮羞又可御寒。两宋时期，妇女内穿抹胸，外罩褙子成为潮流款式。

宋裤

宋裤指的是宋朝时期流行于女子间的一种裤子的形制。其腰头两边各有系带，裤中间合裆，两侧开衩。由于两侧开衩，里面需穿开裆夹裤等遮蔽衣物。需要多件穿着，穿脱比较烦琐。现代汉服中的宋裤为改良版的宋裤[40]：外裤仍为合裆宋裤的裁剪方式，内层将过去的开裆改为合裆，并且内裤与外层缝合，穿脱方便，适合日常穿着。

着宋裤的女子（锦瑟衣庄供图）

---

 40 通常为改良版，亦可做成传统形制。宋裤开裆、合裆搭配的穿法见于南宋黄升墓出土服饰的层次。但黄升墓衣物是层层铺在墓主人身上的，四季相杂，因此开裆配合裆的穿法实际上也被考据严谨的人士指为可疑。另外按宋代雕塑、绘画作品来看，女子裤装外多配以合欢襦裙、围裳等遮蔽衣物，现代汉服则无。

三、比甲

因与军士所穿齐腰甲外形相似，故该服制被称为"比甲"，又名"背心""背褡"，是一种无袖或者短袖，对襟，直领，两侧开衩的马甲。其式样，短的至臀，长的至膝，甚至可长达离地不到一尺。常穿在衫、袄的外面。因为比甲穿着便利，故为士庶阶层的常服。比甲至明朝更为盛行，除了直领外，还有方领、圆领等款式，缀有金属搭扣。

这种衣服最初是宋朝的一种服饰款式，后来传入蒙古。《元史·后妃传一·世祖后察必》记载："又制一衣，前有裳无衽，后长倍于前，亦去领袖，缀以两襻，名曰'比甲'，以便弓马，时皆仿之。"

四、大袖衫

大袖衫是一种对襟大袖披衫，两侧开衩，唐代绘画作品中颇为常见，兼有庄严和飘逸之美[41]。搭配齐胸襦裙，对襟襦裙等穿着。

诃子（hē zǐ）

明代田艺蘅《留青日札》卷二十："今之袜胸，一名襕裙……即唐'诃子'之类……自后而围向前，故又名合欢襕裙。"认为诃子是自后向前围在腰间的短裙。诃子是唐代特有的服饰名词，关于其真实面目说法甚多，皆因诃子无出土实物，

着比甲的女子（杨娜 供图）

女子齐胸襦裙加大袖衫
（京兆长安 琉璃 供图）

（唐）周昉《簪花仕女图》（局部）

---

41 在历史上，大袖衫在不同时代都有，款式各不相同，本节为了方便，一般指唐代绘画壁画中常出现的服饰。

文献又语焉不详之故。目前现代汉服的诃子是参考《簪花仕女图》中贵族妇女服饰制作成的抹胸，或是系在齐胸襦裙裙头之外的长方绣花布条。

五、披风

披风为对襟，大袖，两侧开衩。明代作为便服使用，男女不拘，但有些许不同。男披风较为朴素，女披风更为艳丽，多为花鸟锦绣。

着披风的妇人容像

着披风的女子（琉璃）

着披风的男子
（鱼汤传统服饰工作室）

六、大氅（chǎng）

又名"鹤氅""氅衣"，多为男装，明代女子亦有穿着。形制为对襟，直领，大袖，两侧一般不开衩，衣襟多用一对长带系结，四周或装饰以缘边，其形制类似于披风。宋明时期大氅在文人中流行起来。明朝时，大氅多作为外套使用，用以遮风御寒。

中国的服饰文化历史悠久、内容丰富，很多问题的详细讨论都需要大量的篇幅。在此我们撷取历史长河中几朵浪花，简要介绍了汉民族服饰的基本款式，以帮助大家感受中华服饰文化。

绝大多数传统服饰不仅有场合、时代的流变，还有地域的区别，差异极大。随着近代以来服饰成为民族身份的自觉标志，在文化传播中才逐渐出现较为统一的形象。以蒙古族的蒙古袍为例，其内在差别十分明显。鄂尔多斯地区的蒙古袍特点就是比较长，身长袖也长且比较宽大，两侧均不开衩，只留浅口，大襟右侧系扣。察哈尔蒙古男女均穿开衩长袍。长袍分为有马蹄袖或无马蹄袖两种。阿拉善蒙古人的长袍不分男女均钉单道扣祥儿，共钉5道扣祥儿，无马蹄袖。此外，土默特、巴尔虎、科尔沁、乌喇特、乌珠穆沁等分支的蒙古袍也各具特色。

鹤氅（《听琴图》局部）

男子着衣裳外穿大氅（重回汉唐 供稿）

拓展阅读：汉服的现代功用[42]

文：百里奚

　　在现代社会，汉服的定位是汉民族的民族服装。从世界范围看，任何民族的传统服饰，都是首先确定其民族服装地位，再根据现代社会生活的实际来选择其适当的存在空间和具体功用。必须要明确的是，当代汉服不是古装，它已经不再具有古代服饰中的尊卑之别、阶级属性，主要功能是体现汉民族的民族心理、历史传承、文化特色和审美意趣，故而不能照搬照抄古代的典章制度和分类方法，而应该按具体场合、功能来选择哪种着装。

　　一、汉服的古今功用演变

　　按照出席场合和穿着需求的不同，古代汉服可大致分为：法服（取法先王之道，包括衮冕服、弁冠服、祭服、丧服等）、职官服（品官冠服，包含文武

<hr>

42　为建立现代中国的汉服体系，汉服界研究者进行了各种尝试。有"宗周派"，主张既然历代正统王朝都是宗周礼周制的，那么运用现代考古和服装学知识来还原周制各类服饰，并且适当发展比较合理；有"承明派"，主张既然大量历史资料已经散失，但明代无论是典籍和现存文物最多，主张接续明代衣冠制度，并以做工精致剪裁地道为目标，实现与现代社会的接续。另有"建构派"，主张透过现代人的视角，运用服装史学专业知识和服装剪裁专业知识，按照穿用的目标将服装各个部件简化和模块化，不再照搬古代正装和便装的名称、规矩和等级，一切以现代社会人们的需求出发来进行组合搭配，建立不同于任何朝代的现代标准。三种主张各有合理之处，在现阶段应允许各自百家争鸣，百花齐放。本文的便服—正装—盛装—仪装着装分类即来自于"建构派"学者琥璟明，仪装的规范来自于"宗周派"，对便服、正装、盛装的描述示例又容纳了很多"承明派"的观点。

官朝服、公服、常服和勋贵服色等；军服、无品级官吏服、皂隶服、官学生文位服以及杂职行业服装等）、礼服（正昏礼服、冠笄礼服、乡祭礼服如朱子深衣或玄端等）、燕居服（宴饮游乐服）、士庶通用常服和便服等。从礼仪、身份及穿着场合来区分，古代汉服可分为礼服、吉服、常服、便服等。按照古代语境，吉服指仪式制度之外的盛装，常服指日常小礼服。

在现代，由于汉服主要突出其民族标识、礼仪、文化生活的功用，并不作为日常生活中的主要着装，因而划分方式也会因时而变。对于现代条件下汉服的穿用类别，目前比较主流的划分方式为：仪装、盛装、正装、便装等。按照国际常见划分习惯，一个民族的着装一般分为礼服、正装和常服。但由于我国自古以来是礼乐文明，礼服并不能简单视作奢华服饰，而应包括大礼服（符合礼仪规范的特定服饰）和小礼服（本民族最华丽的盛装）。考虑到命名的历史传承和文字的准确易懂，本文推荐使用仪装和盛装的称呼。另外，在今人看来，现代服饰在生活中必然是占绝对统治地位的，汉常服的称呼无法让人领会到某款汉服的正装意义，故采取正装和便装这种便于理解的名称。现代这"四装"与古代"四服"的分类方法形成了一定的对应，可大致理解为仪装＝礼服，盛装＝吉服，正装＝常服，便装＝便服。

二、现代汉服各类体衣的定义

在展开设计和分析之前，我们需要明确一些概念。根据汉服研究学者琥璟明的分类，汉服的体衣款式有上衣（衫、襦、袄、袍、罩衣）及下装（裙、裳、袴、裈）。

体衣款式：

衫：衣长不过膝或齐膝的通裁短衣。

襦：衣长不过膝或齐膝的分裁短衣。

袄：衣长不过膝或齐膝有絮填物或采用毛皮制作的短衣。

袍：衣长过膝且穿着时衣襟相互交掩的长衣。

罩衣：衣长过膝且穿着时衣襟不相互交掩的外穿长衣。

裙：裙面数量不定，但所有裙片均连缀于同一裙头。

裳（礼裙）：裙面分为前、后相互独立的两片，前、后裙面不共用裙头。

袴：外穿长裤。

裈：着于袴内或单着的短裤。

三、依照使用场合划分的着装规范建议[43]

汉服体系中从便装—正装—盛装—仪装，便利性依次减弱，仪式性依次增强。款式的外观复杂、华丽程度整体呈抛物线趋势，即从便装一直到仪装中具有盛装特征的婚礼服呈上升趋势，从婚礼服到祭服呈下降趋势。可以说婚礼服在整个服饰系统中规格不是最高的，但外观是最为华丽的，而系统中规格最高的祭服，外观是重返朴素的[44]。

---

43 本文亦结合冯春苗《汉服的现代功用》一文的见解，参考天汉民族文化网的《民族传统服饰·礼仪·节日复兴计划》（2006年）和网友一盏风所整理的《现代汉服体系2.1版》等资料。
44 本部分的着装划分法采用了汉服民间研究学者琥璟明的文章：《当代汉服定义及体系框架2.0版》（2017.10）所提出的便装-正装-盛装-仪装的划分方法，同时采用了对汉服各个部分的定义。

1. 便装

便装一般用于居家、休闲、出游访友、户外运动等非正式场合。款式以舒适便利为主，风格低调朴实。上衣为不过膝或齐膝的短装，衣袖皆为窄袖，可无袖、半袖及不过手掌的长袖。下装有裙、裤、裈三种，长短以适度为宜，皆不曳地。女子发型、妆面、配饰无定式，风格朴素和谐即可。

根据当前汉服复兴者的实践，比较受欢迎的便装款式有：

男子便装：直裰，圆领袍衫，裋褐。

女子便装：窄袖齐腰襦裙，窄袖齐胸襦裙，窄袖衫子配宋裤或裙，袄裙。

汉服便装：直裰、圆领袍、裋褐（重回汉唐 供图）

窄袖袄裙（重回汉唐 供图）　　汉服便装：窄袖齐胸襦裙配披帛（摄影：老牛）

汉服便装：窄袖齐胸襦裙
（鱼尾 供图）

汉服便装：窄袖齐腰襦裙
（摄影：踏板老师）

特别介绍：褡褐（shù hè）

褡褐是上衣下裤的一种穿着方式，由襦和裤子组成，腰间常系带，袖子较窄，方便劳作。古代多为普通庶民所服，又称"褡打""短褐"。是中国几千年来农民百姓最常穿着的衣服款式之一。褡褐是最适应现代社会男子活动习惯的汉服款式，也是有待发掘的富矿。

汉服便装：儿童褡褐（摄影：稻香）

2. 正装

正装一般用于雅集、宴饮、迎谒、节日等较为正式的场合。款式具有一定的仪式性，但同时也不失便利性。款式分为袍服、裙装两种。袍服衣长过膝或至脚面，裙装裙长至脚面但不曳地。上衣衣袖有窄袖、中袖及大袖三种。正装应注重体衣比例适当，袖长做到"腹手合袖"。着正装时男子可选择性使用头巾，女子裙装可搭配披帛、香囊等配饰。女子发型、妆面、配饰无定式，风格和谐即可。

正装的推荐款式有：

男子正装：按正装的正式程度从高到低排列，包括深衣，道服，道袍，行衣，直身，直裰，大袖或窄袖圆领袍（以上可配大氅或披风）。

女子正装：深衣制曲裾绕襟袍、深衣制直裾袍、齐腰或齐胸襦裙（可配披帛），袄裙，衫裙，褙子（一层衣可配半臂／比甲，二层衣可视搭配习惯配大袖衫或披风）。

一般来说，除了婚礼，祭礼，丧礼，乡射礼、成童礼、冠笄礼、结业礼等仪礼场合须遵循严格仪式固定穿着款式要求之外，在现代生活中，可以根据个人喜好和场合的隆重程度去选择相应的形制和配饰来搭配出席雅集、宴饮、迎谒、节日等不同场合。

上图中，1衣裳（重回汉唐） 2深衣（百里奚） 3道袍 4行衣 5直裰（3-5洞庭汉风）
6直身（鱼汤传统服饰工作室）7窄袖圆领袍（锦瑟衣庄） 8大袖圆领袍（洞庭汉风）

女子正装：交领襦裙加披风
（鱼尾 供图）

女子正装：大袖襦裙加披帛
（摄影:梅雪）

女子正装：琵琶袖袄裙、大袄或袄裙加披风、对襟齐腰襦裙加大袖衫（重回汉唐供图）

3. 盛装

盛装一般用于重大节日、庆典、寿辰等隆重场合，可以理解为正装的高配版。盛装强调仪式性而弱化便利性。款式分为袍服、裙装两种。袍服衣长至脚面或曳地，下摆不开衩，盛装外穿袍服皆为单衣。如果是锦袍，可遵循"袍必有表"的原则，即锦袍外加一层大袖纱衣，更显低调奢华。裙装裙长至脚面或曳地。上衣衣袖有中袖及大袖两种，最长一件袖长至少过指尖一个手掌长度。着盛装时男子可选择性使用头巾，女子裙装可搭配披帛、香囊等配饰。女子发型、妆面、配饰无定式，但风格可以趋于华丽，强调仪式感。

女子裙装类盛装：齐胸襦裙加大袖衫或长褙子，注重发型、妆面、配饰
（左：京兆长安 琉璃 供图；右：锦瑟衣庄 供图）

男子袍服类盛装：在正装的基础上，注重面料和配饰的精美、全身的配搭，袍服不开衩或用暗摆封住（左：鹿皮绒明制披风绣花，洞庭汉风 供图，右：小生林子鸢 供图）

4. 仪装（仪礼服）

仪装（仪礼服）一般用于特定的礼仪场合，例如婚礼和祭祀等。款式强调仪式性而弱化了便利性。款式分为袍服、裙装两种。仪装（仪礼服）有较为固定的款式及搭配。根据华夏礼仪吉凶军宾嘉的划分，以及结合现代人生活的习惯，我们把仪装（仪礼服）分为祭服（吉礼）、婚礼服（嘉礼）、冠笄礼服（嘉礼）、成童礼服（嘉礼）、结业礼服（嘉礼）、丧礼服（凶礼）等大类。

（1）祭服

祭服又分为家祭服和公祭服两种。祭服风格尚质，不施华饰。

家祭冠服：按季节划分，天寒则男子用玄端服，上玄衣下纁裳，玄衣收袪。蔽膝与裳同色，但边有黑缘，内着白色皂缘深衣和素纱（白色）中单，系白色大带，用革带而不用玉带，身体两侧有白色的绶，身后有后绶。身侧有组珮，置于珮囊中保护起来。头戴委貌冠，项下结璎。女子着黑色深衣制直裾褖（tuàn）衣，衣缘为赤色[45]。褖衣较为宽松，若需较长时间正坐，则紧束衣裾为曲裾效果，用大带固定。褖衣搭配素纱（白色）中单，亦应有组佩、白色大带、革带和绶。梳髻戴笄，以整洁为要，不做虚饰。天热时男子采用较简易的着装，包括青底皂缘（黑色）的深衣、中单、大带俱全，戴皂色方巾。天热时女子用素色深衣制或通裁加襕的服饰，如绕襟袍或者衣裙，梳髻戴笄。

45　《仪礼·士丧礼》："褖衣。"注："黑衣裳赤缘谓之褖。褖之言缘也，所以表袍者也。……古文褖为缘。"黑衣赤缘的褖衣可为士妻助祭之服，以素纱为里。

公祭服：男子玄衣纁裳和爵弁，深衣、中单、蔽膝、大带、绶带、玉佩俱全。衣冠皆用麻制，冕无旒，衣裳无章纹，以合"服周之冕""如王之服"之古意。女子除玄衣是深衣制及踝之外，其余衣饰与男子相同（示意图中未加蔽膝和绶，大带应为白色）。头戴爵弁，前略弧后方，双耳处垂下赤色充耳。公祭亦可采用明制祭服，此种祭服源于明代忠靖冠服，是一种由梁冠、青衣、赤裳等所组成的衣裳制服装，总体与周制玄端的服制较为契合。

今人设计祭服方案：褖衣（左）、玄端（右）（蒹葭从风 绘）[46]

明制祭服（汉服北京 供图）

46 并非文物复原，仅做现代祭祀活动的祭服示意参考。作者：蒹葭从风，出处：天汉民族文化网"汉民族传统服饰-礼仪-节日复兴计划"（2006年）。

（2）婚礼服 [47]

根据现代婚礼包括迎亲，正昏、祝酒以及家礼的四个部分，婚礼服款式在这四个部分应各有不同，但又能在经济条件允许下体现迎亲喜庆、正昏华丽、祝酒端庄、家礼清雅的特点。以下简单介绍正昏礼的礼服特色，本章末将撰文详细分析。

正昏礼男女皆用大袖衣裙，裙长曳地。礼衣、中单、蔽膝、大带、绶带、玉佩俱全。男子着婚礼服需加礼冠，女子则需高髻盛饰，推荐用凤冠。男子为玄端制，配十二梁的通天冠和舄，从内到外包括内衣、曲领中单、深衣、玄衣、纁裳，配大带、玉带、蔽膝、组珮、小绶、大绶；女子天冷为翟衣制，配凤冠及舄，从内到外为内衣、曲领中单、深衣、翟衣，配大带、玉带、蔽膝、组珮、小绶、大绶；女子天热则为衣裙制，包括多层纱罗衣裙、大袖衫、披帛，衣料可施以暗纹、印花或刺绣。婚礼服风格尚华，盛饰最多。

依照周礼，结合周唐宋明共同特色设计的正昏礼仪装（百里奚设计，29绘制）

（3）冠笄礼服

家礼男子冠礼礼服：采衣为衣裤形式，白衣及膝，裤与衣同色。脚穿红色方头履，配白袜。一加礼服采用通裁制，为青色道袍，配儒巾。二加礼服采用分裁连属制，为白色深衣，配方巾或幅巾。三加礼服为衣裳制，为玄端，玄衣纁裳加大带、玉带、小绶大绶、组珮、蔽膝，配玄冠、剑、玉圭。

家礼女子笄礼礼服：采衣为衣裤形式，围同色围裙。推荐白色。脚穿红色圆头履，配白袜。一加礼服采用襦裙制（具体配搭为：或在采衣上加半臂，或

47 此处仅以正昏礼设计稿为例，详情可见《华夏礼仪》相关拓展阅读：《现代汉服婚礼礼服设计》。

第三篇 服章之美

华夏霓裳（下）

加襦、衫或袄均可）以一片罗裙围起，加笄。二加礼服为大袖轻罗直领衫或褙子（具体推荐配搭为：交领采衣配交领半臂再加齐腰襦裙；或交领采衣配轻罗短褙子／轻罗直领衫子，再加齐腰襦裙；或者着交领袄子配马面裙），加簪。三加礼服为大袖礼衣（具体配搭为：襦裙类加直领大袖衫或长褙子，配披帛；袄裙类配大袖披风），加钗冠。

集体冠笄礼礼服：男女均为白色采衣，仅一加。男子统一着青色皂缘深衣配方巾，女子着衣裙（衫袄褙襦均可）加笄，考虑到集体笄礼需要壮于观瞻，可采用钗冠，用笄穿过固定。

厦门实验中学高三年级成人礼，男深衣方巾，女袄裙（缘汉汉服汉礼推广中心供稿）

（4）成童礼服

成童礼是标志儿童阶段结束的礼仪，古代在儿童十三至十五岁举行。《礼记·内则》："十有三年，学乐，诵诗，舞勺；成童，舞象，学射御。"郑玄注："先学勺，后学象，文武之次也。成童，十五以上。"[48]因此，成童之年也称为舞象之年。

从当今我国儿童的身心发育水平看，今天的十二岁儿童在智识成熟程度上完全可与古代十三甚至十五岁的青少年相比。据此，笔者认为在小学毕业时行集体成童礼是较为合适的。小学毕业生以这样隆重的集体仪式纪念自己儿童时代的结束，身着美丽青春的华夏衣冠，肃行着庄重的礼仪，将带着父母师长的嘱托和美好的憧憬步入青少年的阶段。成童礼一旦给孩子留下了美好深刻的印象，将起到弘扬正能量的积极作用。因此，成童礼须着仪礼服。在礼仪上，成童礼服应与舞象（持干戈跳文舞与武舞，如六小舞）、射礼（须着戎服射箭）、御（古意在控制配合车驾，今可以分列式军礼来替代）相对应。

考虑到当代12岁儿童身高远高于古代，且成童礼是在暑期前毕业班举办，结合成童礼的仪式要求，成童礼仪礼服的设计为：

第一，文舞服。形制为衣裤式。文武服以素洁清新为要。在集体成童礼开始时，可安排部分学生跳六小舞以为文舞。文舞共六章，可每章不分男女，统一着装。

文舞服为交领纱罗过膝短衫（推荐用黑白黄青红五正色），为整洁计，领部可包有窄边义领。袖为二尺二大袖，缝合袖口如道袍式。内穿白色中衣，配白裤。腰带与衣身同色，垂双耳，余臀垂于摆前。男女舞者统一配白袜黑色履，戴假髻网巾，后脑余发自然垂下，发髻上系发带。

---

48 孔颖达疏："舞象，谓舞武也。熊氏云：'谓用干戈之小舞也。'"后以指成童之年。[唐]邢璹《序》："臣舞象之年，鼓箧鐘序，渔猎坟典，偏习《周易》，研究耽玩，无舍寸阴。"[明]张煌言《序》："余自舞象，辄好为诗歌。"[明]赵振元《为袁氏祭袁石寓宪副》："自采芹舞象，司马公（袁可立）已庆其有子矣。"[清]钱谦益《泽州王氏节孝阡表》："府君父殁时，缱舞象耳。"

第二，武舞服。形制为衣裤式。上身穿黄色交领衫，袖宽二尺二，不缝合袖口。内穿白色中衣，配白裤，男女舞者统一配白袜红色履。在黄色大袖交领衫上穿绢与革制的裲裆甲，甲为黑身赤缘，系赤色革带。头戴小冠，在颌下系好。手持斧钺、盾、矛等礼器。

依照明代朱载堉"六小舞"制订的"舞象仪式"，左为武舞服，右为文舞服。
[图由29（徐央）、百里奚（叶茂）绘制]

第三，射御礼服。形制为衣裤式，上衣用上下连属制或通裁的戎服，可用曳撒、圆领袍等，此处以曳撒为例，袍上可以绣以花纹。男女均戴假髻网巾，系发带。应着高筒靴，但为经济起见，可男女统一在鞋上套以高筒黑色靴套代替。

左：着白色曳撒行射礼的女生；右：着红色曳撒行御行礼的男生
[图由百里奚（叶茂）、29（徐央）绘制]

男生射御礼服：在白衣白裤上穿红色曳撒，用革带实束。头围青帕。女生在白衣白裤上穿月白色曳撒，用革带实束。头围白帕。女孩统一在履上套以高筒黑色靴套。

参加射礼的学生在纳射器环节才取弓取箭，取三支箭，手拿一支，其余插于右后方革带间。弓应为8磅以内反曲弓，箭用橡胶箭头，射箭环节以悬空靶为目标。

参加御行的学生在左侧悬挂木制或安全刀剑，在进场分列式过程中可配合鼓点和乐曲设计持剑举戟的礼仪动作。在场中驻定后亦可安排集体剑舞环节。

（5）结业礼服

供学塾书院等培训机构学员结业使用，亦可用作大专院校学位服。男女结业生统一着白色皂缘深衣，戴方巾；教职员工着青色皂缘深衣戴方巾。礼仪包括起

书院学员毕业仪式（百里奚供稿）

鼓（鼓三严）、入场、正列、授册加巾、聆祝、谢圣、举乐等环节。

（6）学位礼服

中国式学位服分为学士服、硕士服和博士服三类。

每套学位服由学位冠（黑色弁）、学位缨、学位领（六种不同颜色交领右衽义领）、学位衣裳（深衣或玄端）、学位礼服徽（中国式学位服专用）、西式皮鞋等六部分组成。

学位缨颜色区分学士、硕士、博士，分别为黑、深蓝、红色。

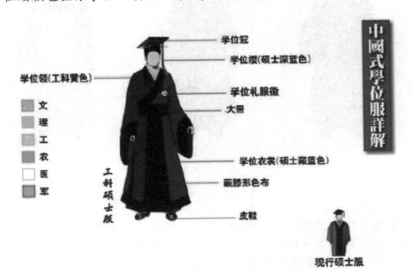

中国式学位服详解
[天风环珮（溪山琴况）、百里奚绘制]

学位领按文、理、工、农、医、军事六大类，采用粉、灰、黄、绿、白、红色六种颜色区分。

【学士服】黑色深衣，暗红色领袖衣缘。左胸处佩戴专用的"学位礼服徽"。暗红色大带。暗红色抽象蔽膝形色布。黑色弁，缨用黑色。区分专业的不同颜色交领右衽义领。黑色西式皮鞋。

【硕士服】藏蓝色深衣，黑色领袖衣缘。左胸处佩戴专用的"学位礼服徽"。黑色大带。黑色的抽象蔽膝形色布。黑色弁，缨用深蓝。区分专业的不同颜色交领右衽义领。黑色西式皮鞋。

【博士服】玄端制，衣裳不同色，黑色大袖玄端，黑色领袖衣缘，朱红色裳。左胸处佩戴专用的"学位礼服徽"。白色大带。金色的抽象蔽膝形色布。黑色弁，缨用红色。区分专业的不同颜色交领右衽义领。黑色西式皮鞋。

●专业以义领颜色区分：

文、理、工、农、医、军事六大类分别为粉、灰、黄、绿、白、红色。

●学位冠、缨及学位授予法详解：

弁黑色，圆形，直接戴于头部。弁上部有孔，插有一尺长白色塑料笄。上附黑色延板。笄根部插孔处系结一条学位缨，缨长二尺，前端为一尺长的穗。学位授予前，缨自然垂于左侧，授予学位时，校长将缨从学位冠顶部绕过，在右侧的笄身上绕一圈，穗自然下垂，即为授予。

中国式学位服详解
（天风环珮、百里奚绘制）

四、化民成俗：汉元素服装

汉元素服装是在保留汉服神韵、借鉴汉服特点的基础上无固定规范自由创作，或是在汉服以外的其他服饰上加入汉服元素所形成的衍生服饰。它虽有汉风，但不属于汉服，而是汉服的衍生品。

现代汉服在一定程度上，为了适应现代人的审美、穿着和生活习惯，有所发展变化，穿着搭配也更为日常。我们穿汉服并非复古，而是想让汉服这件民族服装重新走入千家万户，因此在选择平日穿着的汉服上不需过分华丽，适合自己的、更能日常穿着的更重要。

汉服虽为汉民族服饰，但也属于现代服装。各种形制的汉服基本可以满足人们在各种场合的不同穿着需求。大家在了解了汉服的基本形制之后，可以根据自己的喜好和习惯去决定穿什么样的汉服去出席什么样的场合。

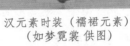
汉元素时装（襦裙元素）
（如梦霓裳 供图）

资源链接

1. 文献典籍

（明）王圻、王思义：《三才图会》：衣服三卷（主要内容为传统服饰的各种款式）

2. 现代研究

（1）撷芳主人：《Q版大明衣冠图志》，北京大学出版社，2016年

（2）孟晖：《中原女子服饰史稿》，作家出版社，1995年

（3）刘瑞璞、陈静洁：《中华民族服饰结构图考（汉族编）》，中国纺织出版社，2013年

（4）中国妆束复原团队：《中国妆束·中国妆束复原团队作品集》，沈阳：辽宁民族出版社，2014年

（5）汉晋衣裳编委会：《汉晋衣裳》第一辑，辽宁民族出版社，2014年

（6）中华艺文梓辑小组：《新古典美学·汉服女装篇》，辽宁民族出版社，2014年

（7）《紫禁城》汉服专刊（2013年8月号，总223期）《打开古人的衣箱》，故宫博物院，北京：故宫出版社，2013.8

3. 网络资料

（1）蒹葭从风：《汉服系统知识大纲》"二、体服"部分，出自天汉民族文化网"民族传统服饰·礼仪·节日复兴计划"

（2）新浪微博：装束与乐舞

（3）新浪微博：桑缬

（4）琥璟明：《当代汉服定义及体系框架2.0版》（2017.10）

（5）冯春苗：《汉服的现代功用》

（6）"一盏风"：《现代汉服体系2.1版》

第四篇　冠履配饰

 第七章　正冠纳履

《说文》云："冠，弁冕之总名也"，"履，足所依也。"

汉服有礼仪、日常等等各种功能的服装，自然也都有相应的冠帽和足衣与之搭配。在汉代，男性平民着头巾，仕宦戴冠冕，朝服穿履，出门穿屐。女性则会梳符合身份的发式，佩戴相应的发饰、头巾、发冠等，若妇女出嫁则穿木屐，还在屐上画上彩画，系上五彩的带子。可以说，头衣和足衣也是汉服中具有相当标志性的重要组成部分。

第一节　簪缨云冕

传说黄帝时代冠就出现了，自此"峨冠博带"便成为华夏衣冠的代称。汉民族男子的成人礼为冠礼，女子成人礼为笄礼，足见首服在民族文化心理中的重要地位。古时男子"二十弱冠"后，士人冠而庶人巾。衣冠自古便是对应着身份的重要象征。

一、峨冠垂緌

冠，是古代贵族或者教育良好之家的男性普遍佩戴的一类帽子。《礼记·曲礼》记载："男子二十，冠而字。"可见冠是一种较正式的头衣。冠有许多种类，适应不同社交或礼仪场合，能够标示身份、官爵以及在礼仪中所担任的角色等。

《世本·作篇》："黄帝造旃冕（zhān miǎn）。""胡曹（传说为黄帝臣）作冕"。

《左传》里面有一个故事，当年卫国内乱，孔子门生子路与人交战的时候被砍断了系冠的缨带，子路说："君子死，冠不免。"停止战斗重新系缨，被人偷袭而死，古人对于"冠"象征意义的看重可见一斑。男子的成人礼，即为"冠礼"。

冠及其组成（以委貌冠为例）

和现代常见的帽子不同，冠的主要功能是把头发束缚住，其次才是装饰。故而冠主要由包住头发的"冠圈"、固定头发用的"笄"或"簪"、固定冠圈的"缨"组成。先将束在头顶的头发用黑色的帛巾包裹，而后戴上冠圈，用笄或簪横穿过冠圈与中间的发髻固定，最后将冠圈两边的缨在下颌部打结。

笄和簪是同一类发饰，一头尖锐以利横穿发髻，另一头常设计装饰。作为发饰，男子着冠的形象经常出现在各类文学艺术作品中，"峨冠博带"便是古人形容男子华冠丽服、风仪出众的评语，屈原在《离骚》中也以"高余冠之岌岌兮，长余佩之陆离"而自豪。

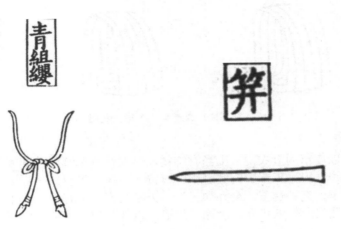

缨（宋）聂崇义《新定三礼图》　　　笄（宋）聂崇义《新定三礼图》

另外，缨在颌下固定之后垂下的部分叫作"緌（ruí）"，也是一种装饰。如唐代诗人虞世南《蝉》诗中写"垂緌饮清露，流响出疏桐。居高声自远，非是藉秋风"以寄托自己高洁的志趣。说明簪缨垂緌在古人眼中不仅是端庄得体的正式打扮，也十分符合当时人们的审美意趣，是非常潇洒帅气的。

由于"簪""缨"是戴冠所必不可少的配件，故而古人常以"簪缨"指代发冠，后来渐渐也用来指代普遍戴冠的士大夫群体，用"簪缨世家"指世代为官的显赫家族。曹雪芹《红楼梦》第一回中就有："携你到那昌明隆盛之邦，诗礼簪缨之族，花柳繁华地，温柔富贵乡去安身乐业……"这样的描述。

二、高冠正冕

冠冕类一般适用正式庄重的场合，配相应的礼服或公服。在此简单介绍几种冠。

頍、頍冠

頍（kuǐ）即额带。首服的最简单形式，就是以布或革条箍于发际，《诗·小雅·頍弁》："有頍者弁，实维在首。"頍在史前时期就已经很流行了，被认为是后世冠巾的始祖。頍是额箍，通常缺顶，但龙山时期、商代玉人的"頍"就往往制成扁平冠饰，有的还在结处缀以玉石等饰物，称为頍冠。

缁布冠

顾名思义，缁布冠以黑色布为之。是很早的一种冠，商代人形玉雕就有缁布冠的较早形态。《礼记·郊特牲》云："太古冠布，齐则缁之"。按周制冠礼，初加为缁布冠，二加为皮弁，三加为爵弁。

緇布冠（宋）聂崇义《新定三礼图》

皮弁[49]

皮弁以皮革为冠衣，冠上当有饰物，一般在皮革缝隙之间缀有珠玉宝石，比如说天子以五采玉十二饰其缝中。《诗·卫风·淇奥》也提到了这种装饰："有匪君子，充耳琇莹，会弁如星"。天子公卿大夫行大射礼于辟雍时，执事者均戴白鹿皮所做的皮弁。士冠礼加冠，再加（第二次加）用皮弁。

皮弁（宋）聂崇义《新定三礼图》

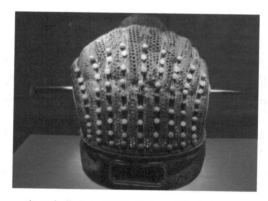

鲁王皮弁（山东博物馆藏，汉服北京 供图）

爵弁[50]

爵，通"雀"，故亦作"雀弁"。古代礼冠的一种，比冕次一级，形制如冕，但没有前低之势，而且无旒。色如雀头，赤而微黑。前小后大，用极细的葛布或丝帛做成。郑注《士冠礼》云："爵弁者，冕之次，其色赤而微黑，如爵（雀）头然。"士冠礼加冠，三加用爵弁。

小冠

也称束髻冠，束在头顶的小冠。多为皮制，形如手状，正束在发髻上，用簪贯其髻上，用緌系在项上，武官壮士则多饰缨于顶上，称为垂冠，初为燕居时戴，后通用于朝礼宾客，文官，学士常戴用。一般作为装饰冠，非正式冠。

49 本书在朝服制度部分曾介绍皮弁，并附有《三礼图》的皮弁服像，可参看。
50 本书在朝服制度部分曾介绍爵弁，并附有《三礼图》的爵弁服像，可参看。

爵弁（宋）聂崇义《新定三礼图》　　　今人着仿汉玄端与爵弁（汉服北京 供图）

委貌冠 [51]

亦称玄冠、元冠（元即玄）。以玄色帛为冠衣，与玄端素裳相配。《仪礼·士冠礼》记载，夏称之"毋追"，商称之"章甫"，周称之"委貌"。委貌即礼仪之道，委即安定，貌即正容，故而是在朝官臣所戴，为诸侯朝服之冠。委貌冠其形如圆，倾斜，后高前低。

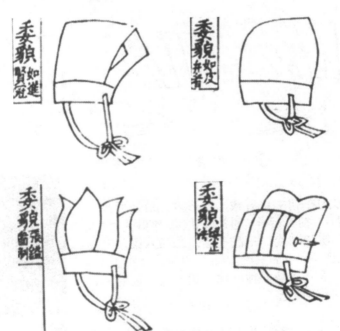

委貌冠（宋）聂崇义《新定三礼图》

51　本书在朝服制度部分曾介绍委貌冠，并附有《三礼图》着玄端朝服，头戴委貌冠的像（两者合称"委端"），可参看。

獬豸冠

也称法冠，是古代御史等执法官吏戴的帽子。獬（xiè）豸（zhì）是传说中的一种独角兽，似羊非羊、似鹿非鹿，善判断曲直，故为执法官所戴，后来也常用以指代执法官吏。

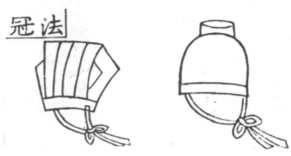

獬豸冠，又称法冠（宋）聂崇义《新定三礼图》

进贤冠

进贤冠也称儒冠，是中华服饰史上重要的冠式。原为儒者所戴，在汉代已颇流行，上自公侯、下至小吏都戴进贤冠，魏晋南北朝也继承了这样的习俗。进贤冠在唐宋法服中仍保有重要地位，但其形式也在变化之中，到明朝时演变为梁冠。

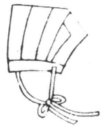

进贤冠（宋）聂崇义《新定三礼图》

梁冠[52]

梁冠多为在朝文官所戴，其形方，前低后高，后倾，有围片，前开后合。通常以铁丝、细纱为材料，冠上缀梁。明代制度：一品七梁，二品六梁，三品五梁，四品四梁，五品三梁，六品、七品二梁，八品、九品一梁。梁冠亦是一种统称，通天冠、远游冠、进贤冠等都属于梁冠。

（明）五梁冠（山东博物馆藏，汉服北京 供图）

鹖冠

鹖（hé）冠原名赵惠文冠，源于战国赵武灵王胡服骑射，效仿胡服而戴此冠。据说赵武灵王之子使之得以完善，故称。秦灭赵后，以此冠颁赐近臣，

52 本书在朝服制度部分曾介绍梁冠，并附有明代朝服容像和今人穿明制朝服、戴梁冠图片，可参看。

汉代继续沿用其遗制，称武弁，也称武冠，多为武官的礼冠。后来在一些文学作品中，武弁也指代武官。此冠冠顶插饰鹖毛以示英勇。鹖是鸥鸟类的一种飞禽，性勇好斗，至死不却。此冠为秦汉及秦以前各代武官所戴，宋明时期的貂蝉笼巾即为此冠的后身。

鹖冠，又称武弁（宋）聂崇义《新定三礼图》

貂蝉冠

也称笼巾，是高级官员的礼冠。其形正方，左右用细藤织成二片，形如蝉翼，并涂有金银为饰，冠上缀金并附蝉为饰（以示高洁），冠顶插有貂尾。"貂"和"蝉"，就是指貂尾和蝉饰。貂蝉冠也有以七梁冠、八梁冠加笼巾（笼巾即以细藤织两翼覆其冠）、金珰蝉饰与貂尾制成的，据明代《宛委馀编》云："金取其刚，蝉居高饮清，貂内竞悍而外柔"，故而命名。

宋儒范仲淹朝服像（头戴貂蝉冠）[53]

明儒王阳明朝服像（头戴貂蝉冠）

高山冠

高山冠在古代多为谒者所戴。谒者是掌宾受事之官（为皇帝传令或引见外宾受事之官），一般为中外官、谒者、仆射所戴用（仆射为隋唐官制，是尚书省的主管）。高山冠其形方而有山（山为冠中间的装饰），高而竖直。

远游冠[54]

多为王公所戴，有展筒（即冠前的横围片），冠上一般饰有三梁，有时也衬黑介帻或青緌以做装饰。远游冠其形方，后倾，外有围边，开前合后。《晋书·舆服志》云："远游冠，傅玄云秦冠也。似通天而前无山述，有展筒横于冠前。"

---

53 宋代是公侯及正一品朝服戴貂蝉冠。范仲淹生前封汝南郡开国公，死后追封楚国公。
54 本书在朝服制度部分曾介绍远游冠，并附有顾恺之《洛神赋图》，图中人物所戴为远游冠，可参看。

高山冠（宋）聂崇义《新定三礼图》　　　　曹操像（图中所戴为远游冠）

通天冠[55]

其形如山，正面直竖，以铁为冠梁，是皇帝戴的一种冠，级位仅仅次于冕冠。汉代百官于月正朝贺时，天子戴通天冠。《晋书·舆服志》云："通天冠，本秦制。高九寸，正竖，顶少斜却，乃直下，铁为卷梁，前有展筒，冠前加金博山述，乘舆所常服也。"

通天冠（宋）聂崇义《新定三礼图》

翼善冠

翼善冠发展自唐代的幞头，唐代男子兴头戴软脚幞头身穿圆领袍服，幞头专门用以缠裹头发及发髻。唐代的幞头发展到宋代出现了官员公服的展脚幞头。明代官员公服沿袭宋代，而常服则是圆领袍搭配展翅的幞头，俗称乌纱帽。乌纱帽的帽胎或竹，或木，或纸，两片展开的帽翅则是薄黑纱。君与王所戴的则是两翅向上折的，称"翼善冠"。有金丝翼善冠和乌纱翼善冠。明代皇帝的常

---

55 本书在朝服制度部分曾介绍通天冠，并附有周文王、宋宣祖戴通天冠的朝服像，可参看。

服即翼善冠服。

明太祖高皇帝像（头戴翼善冠）　　　乌纱翼善冠（山东博物馆藏，汉服北京 供图）

冕[56]

古代最常用的帝冠。周礼中天子、卿大夫皆穿冕服，唯有章文、垂旒（liú，垂在冕前后的玉串）的数目差别。到了明代，冕服成为皇室的专属。据历代礼典所载，多在祭典大礼时戴用。皇帝的旒最多，为十二旒，诸侯王公的旒不能超过十二，有九条、七条、五条之分。

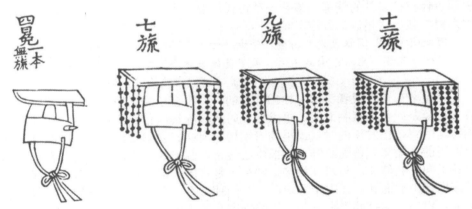

冕（宋）聂崇义《新定三礼图》

花钗冠

宋徽宗政和年间（1111年—1117年）规定命妇首服为花钗冠。《宋史·志一百四·舆服三》："花钗冠，皆施两博鬓，宝钿饰。翟衣，青罗绣为翟，编次于衣及裳。第一品，花钗九株，宝钿准花数，翟九等；第二品，花钗八株，翟八等；第三品，花钗七株，翟七等；第四品，花钗六株，翟六等；第五品，花钗五株，翟五等。"

---

56 本书在祭服制度部分曾介绍冕，并附有明代鲁王九旒冕的实物图片，以及《三礼图》关于周代"六冕"服制的图片，可参看。

凤冠

古代皇帝后妃的冠饰，其上饰有凤凰样珠宝。明朝凤冠是皇后受册、谒庙、朝会时戴用的礼冠，其形制承宋之制而又加以发展和完善，因此更显雍容华贵之美。由于龙凤珠花及博鬓均左右对称而设，而龙凤又姿态生动，珠宝金翠色泽艳丽，光彩照人，使得凤冠给人端庄而不板滞，绚丽而又和谐的艺术感受，皇后母仪天下的高贵身份因此得到了最佳的体现。

凤冠是古代女子最高品级的头饰，故而也用来称呼古代女子婚服的首服，"凤冠霞帔"即指旧时女子出嫁时的装束。

以上所举是历代常用的主要冠式，在远古时，

明代孝端皇后凤冠（国家博物馆收藏，王溪 供图）

据记载还有毋追冠、章甫冠、巧士冠、却非冠，汉代还有樊哙冠、建华冠、术士冠等等。

三、威仪甲胄

冠冕都是平时所服，如果打仗，还要戴"胄（zhòu）"。胄又称兜鍪（móu），即现代所称的战盔，由于它常与护体的铠甲配套使用，所以"甲胄"一词成为中国古代防护装具的统称。鍪是一种古代炊器，青铜制，是一种带翻边的锅，因为胄与其形状相似，故称。

何处望神州？满眼风光北固楼。千古兴亡多少事？悠悠。不尽长江滚滚流。

年少万兜鍪，坐断东南战未休。天下英雄谁敌手？曹刘。生子当如孙仲谋。

——（宋）辛弃疾《南乡子·登京口北固亭有怀》

胄是戴在冠弁或者头巾、帻帕外面的，并不会单独佩戴。在新石器时代，胄多用藤条或兽皮粗制而成。进入青铜时代，除继续使用皮胄外，开始使用青铜铸造的胄。已发现的时代最早的青铜胄是河南省安阳市出土的商朝制品。不少铜胄的正面铸有兽面纹饰，额部中心线是扁圆形的兽鼻，大大的兽目和眉毛在鼻上向左右伸展，与双耳相接，圆鼻下是胄的前沿，在相当于兽嘴的地方，则露出将士的面孔，显得十分威严。胄的顶部有一向上竖起的铜管，用以安插缨饰。胄的表面打磨光滑，兽面等装饰图全都浮出胄面，大部分铸成虎头状，外观雄武，所以古代称顶盔披甲的将士为"虎贲（bēn）"之士。战国时期，铁制的护头装具随着铁兵器的发展应运而生，此时的胄便是类似鍪的造型，兜鍪之称由此时而来。

秦汉以后，铁兜鍪成为将士护头的主要装具，在兜鍪的后侧常垂有保护脖颈的部分，称"顿项"。唐代以后，"顿项"又常用轻软牢固的环锁铠制成，以便于颈部活动。南北朝的兜鍪，额前伸出冲角，两侧增加护耳，这种形制和结构一直保持到隋末。

据说，13世纪蒙古首领铁木真率领骑兵西征时，剽悍的蒙古骑兵身披铁甲，头戴一种样式奇特的铁盔，面部有一个硕大的船锚形护鼻器，手持明刀快斧，骑

着高头大马，样子十分狰狞可怖。刚入侵印度时，人们以为魔怪降世，惊骇之状不亚于我们现今对外星人的惊奇和恐惧。

唐宋以后，兜鍪改称为"盔"，但其形制和结构基本保持了南北朝时期的风格。这种铁制的头盔，作为我国古代军队中普遍装备的护头装具，一直使用到晚清。期间，头部护具发展出了武弁、凤翅盔、双雉盔、金绍盔等不同款式，在设计改良得更实用之余，也渐渐加入了装饰意义大于实用意义的部位。

随着火器的发展，铁盔的形制渐趋轻便化。到清代末年，西式钢盔传入中国，成为步兵通用的防护器具，但其形制已与古代兜鍪大不相同了。今天我们所见到的步兵作战装束是迷彩服和钢盔，古老的铁甲已列为历史遗迹，胄却以另一种崭新的面貌在现代战争中继续发挥效用。

明代将军容像

（明）仇英《抗倭图卷》（局部）

第二节 市井帻巾

大江东去，浪淘尽，千古风流人物。故垒西边，人道是：三国周郎赤壁。乱石穿空，惊涛拍岸，卷起千堆雪。江山如画，一时多少豪杰。

遥想公瑾当年，小乔初嫁了，雄姿英发。羽扇纶巾，谈笑间、樯橹灰飞烟灭。故国神游，多情应笑我，早生华发。人生如梦，一尊还酹江月。

——（宋）苏轼《念奴娇·赤壁怀古》

在古代，披头散发出门是一种非常不文明、不礼貌的行为，所以除了需要佩戴冠冕的场合之外，人们在日常生活中都会用布固定头发，这种头巾也称为帻。巾与帻，成了人们最日常的装扮。

一、平民帻巾

秦汉以前，男子二十岁成年之后，士戴冠、平民戴巾。所以不佩戴冠冕，只戴帻巾的打扮是当时地位低下的象征。

《后汉书·光武帝纪》中记载这样一个故事：更始帝刘玄准备到洛阳建都，便任命他的族弟，史称光武帝的刘秀代理司隶校尉，让他前去洛阳整修宫廷和府署。刘秀便安排了属官部下与更始帝的兵将一同前往。当时洛阳三辅地区的官吏和士人东行迎接更始帝，看到刘玄部下众将头戴帻巾，身穿当时妇女惯常穿着的绣衣从身边经过，乡民尽皆嘲笑，甚至有人畏避跑开。接着看到刘秀麾下衣着整齐的司隶府官员，都欢喜得不能自禁。有些年老的官吏甚至流着眼泪说："没有想到今天又看见了汉家官员的威严仪表了！"从此以后有见识的人都诚心归附于光武帝刘秀。故事里刘玄部下的将士衣着不整，戴帻巾、穿绣衣的形象在当时是非常上不得台面的，因为在东汉初年，帻巾还是平民百姓的标志性头饰。

东汉中期之后，头巾渐渐进入上层社会，为士大夫阶层宴居所采用。诸葛亮深入人心的"羽扇纶巾"形象，即说明当时的文士中盛行戴巾。

二、谦谦纶巾

巾在古代，各地有不同的称谓，在关西秦晋一带称为"络头"，南楚湘湘一带称为"帕头"，河北赵魏之间称为"幧头"，或称之为"陌头"。著名的长篇诗歌《陌上桑》中就曾经提到："少年见罗敷，脱帽著帩头。""帩头"指的也是巾。古代戴帻巾的方式类似现在陕北农民用羊肚毛巾包头，使用时从后而前，在额上打结。古人在顶上梳髻，这样将头包起来能顺发势兜住头发使之不散下。因为巾一般是"庶人"所服，所以秦汉时期，士族人常以着巾表示不做官。

在古代诗词中我们常见到"缠头"一词，这虽然不是一种头巾名目，但二者却有渊源关系。因为帻巾之类大多都是以丝织品缠裹头发，所以赠人"缠头"就跟给人汤沐、脂粉钱一样，不过是巧立的一种赠送财物的名目而已。因此，后来又把赠给歌妓的丝绸也叫缠头。白居易《琵琶行》中写道："五陵年少争缠头，一曲红绡不知数。"可见，即使所赠并非缠发之物，也是可以归为"缠头"礼的。

頍是冠巾的始祖。巾帻，似亦由"頍"衍生而来。《仪礼·士冠礼》郑注："未冠笄者著卷帻，頍象之所生也。"頍与巾帻的区别，頍为额箍，而巾帻是以巾裹摆头上，可做成各种帽式。

帻类似于巾，是套在冠下覆髻的巾，用以整收乱发，可类比于外服里的衬衣。在巾没有独立衍生成一种首服艺术前，巾帻一般不分家。

唐代流行软巾，故后世称软巾也作唐巾。自此，巾开始向着两个方向发展：

一个发展方向是巾类。从幅巾开始，裹法就随意，更容易展示审美特征。巾料或软或硬，不同的折叠方式，款式变化甚多，为大众各阶层所好。同时引领着时尚潮流，纵观宋明的古籍画像，足以让人眼花缭乱。

另一个方向是幞头类。唐巾有四脚，两脚结在脑后，余下两脚结在顶上或使其自然垂下，这种巾式称为软裹，后来为使其定型与美观，内衬桐木，或以藤草织成，外覆纱并以漆漆之，为硬裹巾。在此基础上后来发展了幞头制（官帽制），逐渐成为官员的正装首服，奠定了宋明以后的官服制度。

下面介绍几种典型的巾帻：

幅巾：汉末，戴巾渐渐成为一种雅尚，此时"幅巾"开始出现于王公名士们燕居、交际甚至祭祀的场合。幅巾多裁取"一幅"，即长度和门幅各三尺的丝帛做成。从额往后包发，并将巾系紧，余幅使其自然垂后，垂长一般至肩，也有的垂长至背。若用葛布制成，称为"葛巾"，多为布衣庶人戴用；用细绢制成的，则称为"缣巾"，多为王公雅士戴用。

幅巾一般与深衣搭配穿着，到了宋代以后，深衣幅巾更是士大夫家冠婚、祭祀、宴居、交际专用服饰，《朱子家礼》士冠礼中"一加"的礼服，便是深衣幅巾。农历每月的初一和十五的释菜礼，儒生们也都会穿戴幅巾深衣祭祀孔子。到后来，深衣幅巾的形象更加成为汉族儒生的标志，明末清初学者，"岭南三大家"之一的屈大均在遗嘱中就写道："吾死后，以幅巾、深衣、大带为殓。大带书碣'明之遗民'。"幅巾这种头衣形制不仅在我国影响深远，我国的近邻韩国到现在仍然留存着深衣幅巾制度。深衣、幅巾、大带、丝绦的穿着方式明显是受明代士子衣着规范影响，不过在韩国，幅巾一般是儿童与各年龄学子所着，与我国的习俗略有不同。

儒巾：说到古代士子所戴的头巾，最为人熟知的大概要数儒巾了。不仅书本中常见，电视剧里的书生形象也大都是佩戴儒巾的。儒巾来自先秦时期的一种方冠——章甫。《礼记·儒行》篇记载，孔子于宋国，"冠章甫之冠"，后来的儒生皆用这种儒者之冠，并演变为儒巾。明朝时候的习俗，未及第的举人皆戴儒巾，常与襕袍搭配穿着。儒巾配襕袍，也是明制男子冠礼"二加"的礼服。

明代士人容像·戴幅巾　　　　　明代夫妇容像，男子戴儒巾、着襕衫

华夏有衣

走进汉服文化

方巾：方巾与儒巾系出同源，形制上略有区别。方巾又叫角巾，是明初颁行的一种方形软帽。为职官、儒士所戴的便帽，以黑色纱罗制成，其形四角皆方。据传，明初士人杨维桢头戴此巾参见太祖朱元璋，太祖未曾见过这种服饰，便询问此巾之名，杨维桢为取悦他，回答说："此四方平定巾也。"太祖听罢，龙颜大悦，便诏布天下复制此巾，令士庶佩戴。当时，头戴四方平定巾，服装可较随意穿着，不像其他服饰规定那么严格。

飘飘巾：又叫"飘巾"，明代中后期非常流行。明末清初李渔《闲情偶寄》："方巾与有带飘巾，同为儒者之服，飘巾儒雅风流，方巾老成持重，以之分别老少，可称得宜。"飘飘巾前后为斜坡，由两片大小相同的巾片构成。由于其质地轻盈，所以可迎风飘动，这也是"飘飘巾"名称的来历。

明代人像·戴方巾

明代人像·戴飘飘巾

（明）《徐显卿宦迹图》（局部，图中人物头戴唐巾）

唐巾：又叫"软翅纱巾"。唐巾为明代仿唐代男子幞头制作，由于外形儒雅飘逸，很受士人喜爱。唐巾外形与乌纱帽相似，巾后垂有软脚，左右缀玉质巾环一对。唐巾多用漆纱制作，也可用其他材料。

网巾：网巾编结如渔网，是一种系束发、髻的网罩，多以黑色细绳、马尾、棕丝编织而成。戴网巾，除约发外，又是男子成年的一个标志，一般衬在冠帽内，也可以单独使用，露在外面。

明末清初有一个"画网巾"的故事流布甚广。据清初李世熊《画网巾先生传》[58]记载，1645年（明弘光元年、隆武元年，清顺治二年）清军平定东南后，严令剃发易服，福建地区士民因违令而死者不可胜数。

网巾（出自明代王圻、王思义《三才图会》[57]）

57　《三才图会》又名《三才图说》，由明朝王圻及其儿子王思义撰写的百科式图录类书。于万历三十五年（1607年）完成编辑，并在万历三十七年（1609年）出版。其中《衣服》三卷收录了大量服饰资料图片。

58　"画网巾先生"的事迹，在清代野史笔记中多有记载，如西亭凌雪的《南天痕》、吴伟业的《绥寇纪略》（又名《鹿樵纪闻》）、李瑶的《绎史摭遗》、倪在田的《续明纪事本末》、张岱的《石匮书后集》、徐鼒的《小腆纪传》等。其中最有名的一篇是桐城派古文名家戴名世所著的《画网巾先生传》。

"画网巾先生"与他的两个仆人不幸被捕后，清将脱其网巾，逼其就范。先生就让二仆画网巾于额上，以示决不穿满洲衣冠，结果主仆三人都被处死。网巾，是明代男子束发的头巾，为"人无贵贱皆裹之"的首服，所以在此成为故国衣冠的象征。

幞（fú）头：戴巾的形式到唐代发展为四脚巾，两脚结在脑后，余下两脚结在顶上或使其自然垂下，这种巾式称为软裹。后来为使其定型与美观，内衬桐木，或以藤草织成，外覆纱并以漆漆之，称为硬裹巾。之后逐步过渡成为一种叫作"幞头"的巾帽，因幞头所用纱罗通常为青黑色，故也称"乌纱"，也就是大家所熟知的"乌纱帽"。

唐代壁画上的幞头

部分幞头样式（出自明代王圻、王思义《三才图会》）

"幞头，一谓之'四脚'，乃四带也。二带系脑后垂之；二带反系头上，令曲折附顶，故亦谓之'折上巾'。唐制，唯人主得用硬脚。晚唐方镇擅命，始僭用硬脚。本朝幞头，有直脚、局脚、交脚、朝天、顺风，凡五等，唯直脚贵贱通服之。又庶人所戴头巾，唐人亦谓之'四脚'。盖两脚系脑后，两脚系颔下，取其服劳不脱也；无事则反系于顶上。今人不复系颔下，两带遂为虚设。"

——（宋）沈括《梦溪笔谈·幞头》

几种以人名命名的巾：

庄子巾：亦称冲和巾、南华巾，传说是南华真人庄子所制。该巾下面为方形，上部为三角形，状如屋顶。帽前正面镶有白玉，名为帽正。庄子巾类似古儒巾，佩戴此巾，颇像南华真人一样无拘无束。

诸葛巾：相传为三国时诸葛亮所创，又称"纶（guān）巾"，孔明"羽扇纶巾"的形象深入人心。《三才图会》："诸葛巾，此名纶巾，诸葛武侯尝服纶巾，执羽扇，指挥军事，正此巾也。因其

明代官员容像·戴乌纱帽

人而名之。"宋代陈与义《晚晴野望》诗云:"洞庭微雨后,凉气入纶巾。"

浩然巾:一种用黑色布缎制成的暖帽。典故自然来自于唐诗人孟浩然头戴此巾,于风雪中骑驴过灞桥踏雪寻梅这一佳话。浩然巾类似于风帽,严实地遮挡了后脑和部分脸部。《长春真人西行图》中的丘处机所戴之巾即为浩然巾。

纯阳巾:明朝的《三才图会》称:"一名乐天巾,颇类汉唐二巾。顶有寸帛,襞积如竹简,垂之于后。曰纯阳者以仙名,而乐天则以人名也。"当代全真道所戴的纯阳巾,类似庄子巾,区别是纯阳巾后面有云头形装饰,而庄子巾则无。

东坡巾:又名乌角巾,相传为宋苏东坡所戴,故名东坡巾,为雅士逸隐所好。《三才图会》:"巾有四墙,墙外有重墙,比内墙少杀,前后左右各以角相向,著之则有角介在两眉间,以老坡所服,故名。"明代杨基诗云:"麻衣纸扇跣两展,头戴一幅东坡巾。"

丘处机像(戴浩然巾)　　　　苏轼像　　　　　明代人像·东坡巾

到了明末清初,随着"剃发易服",只有道教才保留下我国明代以前的衣冠形式。俗话说"道有九巾,僧有八帽"。道教的九巾,一说为:唐巾、冲和巾、浩然巾、逍遥巾、紫阳巾、一字巾、纶巾、三教巾、九阳巾。

三、女子头衣

唐代以前的俗家妇女是无冠的,唯女道士有冠,故有"女冠"之称。唐代女道士皆戴黄冠,亦称"女黄冠"。女子对头发的装饰,更多以配饰的方式出现,但是也有女性的头衣。

巾帼

历朝历代,女性的服饰款式总体来说都是比男性更加丰富多彩的,头衣也是如此。我们现在经常用"巾帼"代指女性,"巾帼"就是古时的一种头衣配饰。

巾帼宽大似冠,内衬金属丝套或用削薄的竹木片扎成各种新颖式样,外裱黑色缯帛或彩色长巾，使用时直接戴在头顶，再绾以簪钗，严格来讲，是一种头巾样式的头饰。巾帼的种类及颜色有多种，如用细长的马尾制作的叫"剪氂帼"；用黑中透红颜色制作的叫"绀缯帼"等。先秦时期，男女都能将帼作为首饰，到了汉代帼才成为妇女专用。巾帼后来引申为女子的代称，如今已是对妇女的一种尊称。

三国时，诸葛亮出斜谷向司马懿挑战，但后者避而不出，诸葛亮便用激将法，派人给司马懿送去了"巾帼妇女之饰"，以示羞辱。《晋书·宣帝纪》："亮（诸葛亮）数挑战，帝（司马懿）不出，因遗帝巾帼妇人之饰。"可见当时巾帼已经被引申为女子的代称。不过从很早开始，巾帼已是对妇女的一种尊称，"巾帼不让须眉"是对豪杰女子的褒扬。商代王后妇好、南朝政治家冼夫人、宋代抗金女将梁红玉、宋末抗元女将许夫人（陈淑桢）、明代名将秦良玉、近代民主革命家秋瑾等，都是人们世代传颂的"巾帼英雄"。

䯼髻

明代妇人容像

䯼髻从宋代的特髻、冠子发展而来，是明代已婚妇女的主要首服，多用银丝、金丝或马尾、篾丝、头发等编成（也有用纸或织物做的），外面通常覆以黑纱，形似圆锥，罩住头顶的发髻。䯼髻上插戴有各式首饰，称为头面。

一套标准的䯼髻头面有：戴在正中的分心、戴在底部的钿儿、戴在顶部的挑心、戴在后部的满冠、分心左右的草虫簪、两侧的金花头银脚簪、戴在鬓边的掩鬓等，这些簪子插在䯼髻上，可以起到固定的作用。后来的䯼髻也发展出类似金冠的造型，因此也有把䯼髻称作"冠儿"的。现存的明代容像画中，命妇的容像大多都佩戴䯼髻。

今人制䯼髻头面（锦瑟衣庄 供图）

女子笄礼，佩戴䯼髻头面（汉服北京 供图）

古人很重视头发的美丽，人人都希望长有一头乌黑的长发，如果本身的发质不理想，就会使用假发来装饰自己。《左传·哀公十七年》里面记载了一个故事，卫庄公在城上看见己氏的妻子头发美丽，便下令给她剃掉，为他的妻子吕姜做成假发。古时候，更有一种刑罚叫作"髡"，指剃去犯人的头发，可见古人对头发的重视程度。《世说新语·贤媛》记载，陶侃年轻时家境贫困，有一次，一位朋友在冰雪天带着很多仆从来投宿，陶家一无所有，无法招待，陶侃的母亲湛氏便将自己的委地长发剪掉，做成两顶假发，卖得数斛米，为客人提供了相当丰厚的招待。卖假发的所得足以这样招待客人，可见古代的假发相当珍贵。

第三节　鞋履艺制

中国人不仅在衣冠上有着丰富的形制特点，鞋履也很有特色，并根据鞋履的材质、颜色等形成了一套完整的礼仪规范。细究汉字会发现我们对脚上所着有不同的称呼，既有"屦"，亦有"履"，还有"鞋"。从文献中来看，最早的鞋履不论材料通称为"屦"，战国以后"履"取代"屦"成为鞋子的通称，大约隋唐之时，原用来专指"生革之鞋"的"鞋"又替代了"履"，一直沿用至今。

"于则（黄帝臣）作扉履。（草曰扉，麻曰履）。"

——《世本·作篇》

"屦人掌王及后之服屦。为赤舄、黑舄、赤繶、青句、素屦、葛履。"

——《周礼·天官》

"郑人有欲买履者，先自度其足，而置之其坐。"

——《韩非子·外储说左上》

"鞋即履也……今通谓之鞋。"

——（清）曹庭栋《养生随笔》

晋武帝冕服像（足底所穿为舄）

一、朝祭之舄

和古代的服饰一样，古代鞋履也受到礼的规范，根据场合、搭配冠服、着不同颜色体现等级尊卑。

朝祭是古代最重要的场合，鞋制中最为尊贵的为舄（xì），因此古代君王后妃及百官行礼时便是穿舄。舄的材料根据季节有所不同，夏天以葛布、冬天用皮革。舄制大约出现于商周时期，战国失传，汉魏恢复，一直到隋代朝祭都沿用，唐宋时期百官朝服改用靴，但祭祀时仍用舄，北宋一度改制，祭服用舄，朝服用履，不久又恢复靴制，明朝恢复朝祭皆舄并以舄色区分用途，入清之后朝祭均穿靴子，舄制被废。

根据周礼，王及诸侯舄有赤、白、黑

三色，天子在最隆重的祭祀场合着冕服穿赤舄。而穿韦弁服、皮弁服时搭配白舄，黑舄则用来配冠弁服；王后妃嫔舄有玄、青、赤三等，玄为上等，祭祀时身穿袆衣脚穿玄舄。此外，青舄搭配褕翟（也作揄狄），赤舄搭配阙翟。

在舄顶部正中位置，缀着一个同色丝织物制成的装饰物，称作"絇"（qú），两头各留出小孔用以穿绳，穿着后系紧绳带可以避免舄滑落，除此之外絇还能告诫穿舄者需行为谨慎。

"屦之有絇，所以示戒，童子不絇，未能戒也。"——（宋）赵彦卫《云麓漫钞》

在舄帮与底的连接之处还有丝制的圆形绲边，称为"繶"（yì），通过这道绲边使得鞋子的牢度大大提高。在鞋口也会镶边，称为"纯"。即便是如此细微之处，仍也有着规范，繶、纯的颜色必须搭配冠服并符合礼节。

由于祭礼场合仪礼繁复，需要长久的站立，郊祭还需在郊野进行，出于实用的考虑，不同于其他鞋底的单层，舄底有两层，上层为布底，下层为木料制成的托底，这样利于长久站立，也适合郊祭。

舄是贵族的朝祭之鞋，古代百姓也有祭祀活动，但仪式较为简单，行礼时间较短，因此没有专门的祭鞋，常穿的是一种比较特别的鞋式，称为"鞔（mán）下"，设计上与舄相似但鞋底更薄些。

二、日常之履

"头上金钗十二行，足下丝履五文章。"南朝梁武帝所著的《莫愁歌》提到了丝履。狭义的丝履指丝织品制成的鞋子。商周时期人们已经掌握了丝织技术，但由于丝织品的强度较低且当时丝帛十分珍贵，因此人们所穿的鞋履很少全由丝织品制作。广义的丝履则指凡以丝帛装饰的皆可称作丝履，是古代男女日常较多穿的鞋履。

鞋子也能透露着贫富差距，"纠纠葛屦，可以履霜"是《诗经·魏风·葛屦》中的诗句，在丝履尚不多见时，较贫困的百姓鞋履夏葛冬皮。葛布是以葛藤纤维绩纺而成的布，质地坚固。

日常礼见时，礼鞋通常为丝履，颜色不同，与冠服相配。《仪礼·士冠礼》中记载："爵弁繶屦，黑絇、繶、纯。"

《淮南子·说林训》中有一个这样的故事，说的是鲁国有一对夫妻，丈夫擅于织履，妻子长于织缟。由于希望凭借自己的手艺勤劳致富，夫妻二人想迁往越国。有人劝他们千万别去，说："子必穷也。"丈夫不解问之，对方告诉他："织履是为了穿着，但是越人没有穿鞋的习惯；织缟

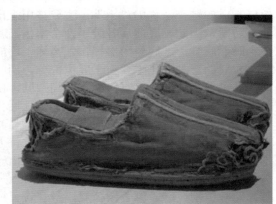

夫子履（山东博物馆藏，汉服北京 供图）

是为了制冠，但越人喜欢披发。以你们的擅长的技艺，跑到无用之处，怎么会不

贫困呢？"从这则充满哲理的故事中我们还可以看出在当时的鲁国等地，穿履者十分普遍以及织履是一种高深的技艺。

到了汉代穿丝履的人更为普遍，一些富庶之家连家中奴婢都穿着丝履。魏晋南北朝时期丝履技术精良，南朝江总《宛转歌》中"湘妃拭泪洒贞筠，篛药浣衣何处人。步步香飞金薄履，盈盈扇掩珊瑚唇"就是吟诵那时的丝履。宋元时期皇亲贵族甚至在朝会上也会穿着丝履。丝履随着时代的发展设计也越来越丰富。主要有三个特点：其一，丝履绣有花纹，年轻的女性色彩较为鲜艳，常有大红、翠绿、嫩黄等，两侧或绣上凤凰喜鹊，或绣上蝴蝶牡丹；其二，履头形式多样，有圆头、方头、岐头、笏头等，唐代还流行高翘式履头，宋代由于妇女缠足还有了"尖头小履"的"弓鞋"；其三，采用厚底，称为"重台履"。

宋代诗文中有大量关于"弓鞋"的记载，如《夷坚志》的"湖州南门外一妇人颜色洁白，著皂弓鞋，踽踽独行"，辛弃疾的"淡黄弓样鞋儿小，腰肢只怕风吹倒"等等。在北京故宫博物院收藏的宋画如《杂剧人物图》中也有描绘。为了双足不在睡时放弛，缠足的女性甚至睡觉也要着一种"睡鞋"或"眠鞋"，与弓鞋的主要区别是采用了软底并在鞋底绣花。

明清时期的弓鞋出现了"高跟笋履"，指后跟高于前跟的尖头弓鞋。同为高跟，将木块垫于鞋下的是"明底"，衬于鞋内的称"暗底"。

三、出行之屐

当今日本的传统节日上，我们常会看到人们身穿和服，脚着木屐。其实，木屐这种特别的鞋子真正发源于中国。屐在中国已经有两千多年的历史，汉魏时期人们常常穿着木屐，还出现了布帛为帮的"帛屐"，六朝时期木屐盛行。后赵时期甚至在木屐的基础上发明"铁屐"；唐朝虽尚靴，但仍有木屐；宋代汉族女子由于缠足无法再穿木屐，男性仍然穿着且多作雨鞋；明清时期南方福建、广东一带妇女少缠足，加上天气炎热，男女平常都喜欢穿着木屐。

屐是一种木底的鞋子，不同于其他鞋履，除了帛屐，屐没有鞋帮，代之以丝麻制成的鞋带，称为"系"。主要被用于出行，古时路面不甚平坦，为了方便与防滑，因此鞋底前后各装了两个木齿，减少鞋底与路面的接触。并且相较于当时麻底鞋，木底更耐磨损，木齿坏了还能更换。

木屐的形制变化主要在于屐齿部分，南朝梁朝时期出现的"跟高齿屐"指后齿高于前齿的屐，有点像现代的高跟鞋。由于屐齿是用钉子固定在屐板上，久穿易松掉，后来人们在屐板上凿孔，让屐齿穿过屐板在从旁边用钉子加牢，称为"露卯"，与此相对应原来那种齿不显露的木屐称为"阴卯"。六朝之后还出现了以整木制成的连齿木屐。南朝大诗人谢灵运甚至发明了可以自由拆卸木齿的木屐，这种木屐特别适合登山：上山时拆下前齿只用后齿，下山时拆下后齿只用前齿以保持人的平衡，后人称为"登山屐"或"谢屐"。唐代李白《梦游天姥吟留别》："脚著谢公屐，身登青云梯。"

据《太平御览》等记载，孔子当年外出游说就是穿着木屐。由于对孔子的敬重，当时人们特地将他的用物当作宝物珍藏起来。《晋书·五行志上》便记载"惠帝元康五年闰月庚寅，武库火。张华疑有乱，先命固守，然后救火。是以累代异宝，王莽头，孔子屐，汉高祖断白蛇剑及二百万人器械，一时荡尽。"

四、旅丧之屩

屩（juē）初时以芒草制作的细绳所编，因此也称为"芒屩"或"草屩"，也有以棕麻编制，称"棕屩"或"麻屩"。屩的质地坚韧耐磨，适合于旅行。上古时也称"草屦"或"草履"，唐代以后被称为"草鞋"。

制作屩一般先将芒草、棕麻绩续成线后搓制成绳，再编织成鞋。鞋底通常盘绳而成，鞋帮以细绳系之。编织草鞋是一门很重要的手艺，自古便有不少人以编织草鞋为生。唐朝伊用昌在长沙茶陵见到家家户户都以编织草鞋为业，觉得新奇还专门赋诗："茶陵一道好长街，两畔栽柳不栽槐。夜后不闻更漏鼓，只听锤芒织草鞋。"

草鞋不仅用于旅行，还是丧服中的重要部分。《仪礼·丧服》中记载："公士大夫之众臣，为其君布带绳屦"，其中绳屦即是菅草绳编成的鞋，也称为菅屦。和丧服一样，丧履也有轻重之分，菅屦是丧履中最重的一种，比之轻一等的是疏屦，这是一种藨蒯制成的草鞋。由于草履可以用作丧履，因此古代便有草履既不能外借也不可向人借的规矩，久而久之，"不借"便成了草履的别称。

不过，用于治丧的草履一般比较粗糙简单，与麻布丧服相衬。人们日常所穿的草屩则选用较细的草，制作也更精良。南梁时百姓常穿的草屩以蒲草制成，因此称"蒲履""蒲子履"。制作时根据需要选用蒲心或蒲叶，精心编织，鞋子类似蒲席，紧密光洁，有时候还会织出纹路。在新疆吐鲁番阿斯塔纳唐墓中曾出土唐代妇女的蒲鞋实物，粗看和丝鞋无异，仔细观察才知道是蒲草编织而成，可见工艺之精湛。五代时期蒲履盛行，从当时的画家顾闳中的《韩熙载夜宴图》还能看到当时蒲履的样子。明清时期蒲履多为宽敞的大口。蒲履因凉快而用于夏天，但人们有时也会在蒲履内纳入芦花制成适合冬天的暖鞋，在室内穿着。

棕丝制成的屩质地更坚固，因此更为耐穿，此外，棕屩相较于其他材质的屩，最大的优点就是不怕潮湿，因此还可兼做雨鞋。

和棕屩相近的还有麻屩，以粗绳制成。与之相对，唐代还出现了极细麻线编制的鞋，俗称"线鞋"，鞋面结构疏朗，中间编织成镂空状，很像今日凉鞋。

唐代之后妇女穿麻屩渐少，宋明清时期更是少人问津。麻屩逐渐成为武士、力人等男子的专用鞋履。

五、军吏之靴

先秦时期人们已经学会用皮鞋来御寒，生皮制成的履称为"革鞮（dī）"，鞣制处理的熟皮制成的履称为"韦鞮"。不过，不论革鞮还是韦鞮都是浅帮。当时还有一种高帮的鞋子，熟皮制成，鞋帮高达小腿，被称为"络鞮"，属于胡服。战国的赵武灵王引进胡服的同时便也引进了这种络鞮，称为"靴"。

与普通的鞋履相比，靴更适合乘骑，尤其适合身处北疆的将士，因此靴子

正冠纳履

引进后长期用于军旅。由于北方天气寒冷，不仅男子穿靴子，妇女也穿。

隋代靴子开始被用作除了祭祀典礼等特殊场合以外的常服穿着。此时期的靴子多将皮料染黑，再根据造型裁成六块大小不等的皮块，缝合而成，寓意"东、南、西、北及天、地六合"，取名"六合靴"。

唐随隋制，后来备受唐太宗赏识的马周提出靴筒太高不便，建议改为短筒并"加之以毡及綠"，从此百官靴子改为短筒。我们熟知的李白酒醉让高力士脱靴的故事，根据李白的诗句知道当时他所穿的就是短靴。唐代妇女也有着靴习俗。但到了宋代妇女缠足，穿靴者很少。

曳撒服与靴子（汉服北京 供图）

明代靴子材质除了皮革，还有毡、缎等织物，均染成黑色，俗称"皂靴"。靴子通常是木料、皮革或硬纸做成的厚底，外涂白粉，因此有"粉底皂靴"之称。后来在鞋面涂桐油，还可以雨天穿着防止鞋子浸湿，称为"油靴"。靴子在此时不仅仅是官吏穿着，百姓也可穿着，但为了区别于官吏皂靴，不得染成黑色，也不允许有装饰。

六、衬鞋之袜

远古时期人们不穿鞋袜，后来发现赤足不便，逐渐用捕获的野兽之皮裁剪包裹双足，并用葛草或野兽韧带束之。可以说早期鞋袜并未分开。随着社会进步，足衣分工，才出现了鞋与袜。早期袜多以皮质，故当时袜字多从"革""韦"，如"韈"（wà）。丝织品出现后布帛也开始用于制作袜子。两汉出土的袜子质料有罗、绢、麻、织锦等，皮革之袜却十分罕见，可知最迟不晚于汉代，袜子已完成由皮革向布帛的过渡。

西汉袜子形制质朴，造型简单，没有纹彩；东汉袜子较为考究，出现了繁复细致的汉式花纹；隋唐五代士庶袜子多以绫罗制成，宫廷妇女袜子则以彩锦制成，吐鲁番阿斯塔纳唐墓出土了一块八种颜色彩线织出图纹的纬锦，组织紧密，配色华美，绣样生动；宋代虽也有锦袜，但由于当时崇尚理学，追求简朴，人们认为将珍贵的彩锦制成袜子践于脚下十分奢侈，因此士庶男子的袜子仍以素帛为主，宋代女性普遍缠足因此袜式呈弓形，头部大多做得很尖，且由于足部已有缠脚布，在缠足的妇女中还流行无底的"半袜"；明清时期女袜变化不大，冬天寒冷会在缠脚布之外加上有底"套袜"或"袜套"，男袜则根据季节有多种布料，春秋白色布袜为主，称为"净袜"，深秋以后为白色毡袜、绒袜，寒冷隆冬有些山村也会穿皮袜，夏季一般为棉麻的"暑袜"。

"牛膀鞋，登山似箭；獐皮袜，护脚如绵。"

——（元末明初）施耐庵《水浒传》111回

"又将几钱银子，置下镶鞋净袜。"

——（明）冯梦龙《醒世恒言·卖油郎独占花魁》

"南方唯湖郡饲畜绵羊，一岁三剪毛。每羊一只，岁得绒袜料三双。"

——（明）宋应星《天工开物·褐毡》

"松江旧无暑袜店，暑月间穿毡袜者甚众。万历以来，用尤墩布（一种细密、柔软的棉布）为单暑袜，极轻美，远近争来购之。"

——（明）范濂《云间据目抄》

拓展阅读：穿汉服怎么搭配发型

文：冯春苗

穿汉服的时候怎么处理头发是很多人的难题。汉服作为现代人穿着的服装时，发型既要结合当代的实际，又要衬托出汉服的传统韵味；既要大方得体，又要不失庄重。下面就简单介绍一下在不同场合下汉服发型的处理。

一、女子发型

汉服造型与时装造型一样，在不同场合，根据正式及隆重程度需要搭配不同的装束。

（一）正式场合

正式场合指的是参加成人礼、婚礼、毕业典礼，或是参加汉服展示、正式晚宴等场合。

汉服的女子发型多种多样，具体各个发型的教程这里无法一一介绍，搭配发型作为个人选择，不论选择什么样的造型，都要遵循"看上去不能乱"这一重要原则。除了短发不需要绑起外，出席正式场合原则上不能披头散发。得体的发型更能展现出汉服的端庄。

婚服造型（礼乐嘉谟 供图）

袄裙造型（锦瑟衣庄 供图）

正冠纳履

类似这样的造型常常无法凭借个人力量独自完成，需要借助化妆师的力量。并不是因为汉服发型比较复杂，而是搭配礼服的发型大部分都要求一定的技巧，时装礼服发型亦是如此。

（二）日常生活

日常生活的发型就是指穿着汉服去逛街、购物或聚会等时候搭配的发型。这时以简单大方为主，不论是古风古韵的发型，或是简洁大方的现代发型，只要干净整齐，走在现代建筑中也十分美丽得体。有的同袍日常着时装时习惯披发，加

双马尾、披发（喵喵 供图）

简单的双Y髻（鱼尾 供图）

汉服搭配短发（摄影：稻香）

简单的马尾造型（摄影：稻香）

上自身头发很顺滑，那么日常中着汉服披发也未尝不可。现代汉服发型中不论是双马尾、单马尾，或是简单的盘发，搭配古风簪子等头饰都非常有韵味，是现代生活中女子汉服发型的主流。

二、男子发型

（一）重大仪式

婚礼、成人礼、祭礼、丧礼这几个特定仪式中，男子着装是有着特定的冠服要求的，具体可参见第六章的拓展阅读部分。这里就不重复介绍了。

（二）其他场合

男子首服主要有冠冕和巾帽，由于冠冕在古时常常反映阶级身份特征，在现代除了冠、婚、丧、祭等礼节之外，几乎没有用得到佩戴冠冕的场合了。又因为现代男子大部分都是短发，除了少数蓄发人士可以用簪子把头发簪起来之外，大部分人都无法束发。因此现代男子日常汉服的头上装束，以短发为主，巾帽为辅。

其实在日本和韩国，普通男性民众穿着传统服饰的时候搭配现代发型也毫无违和感。汉服并非古装，而是现代服装，所以搭配发型也无须拘泥于向古人靠拢。汉服复兴并非复古，短发一样能展现汉服的谦谦风貌和精神气质。

如果男子汉服头上想要一些装饰的话，可以选择巾帽。巾帽的款式也有很多种，详细介绍可以参考本书的冠履部分。今日巾帽的佩戴场合和款式并没有太多的限制，除特定款式如"冕"之外，完全可以根据个人喜好去选择适合自己的巾帽款式，或是决定佩不佩戴巾帽。

短发搭配交领襦裙（板鞋 供图）

汉服搭配巾帽（锦瑟衣庄 供图）

资源链接

1. 文献典籍

（1）（宋）聂崇义：《新定三礼图》：卷三、冠冕图

（2）（明）王圻、王思义：《三才图会》：衣服一卷（主要内容为冕服、冠巾等）；衣服二卷（主要内容为明朝冠服）

2. 现代研究

（1）高春明：《中国服饰名物考》，上海文化出版社2001年

（2）崔圭顺：《中国历代帝王冕服研究》，东华大学出版社2008年

（3）骆崇骐：《中国历代鞋履研究与鉴赏》，东华大学出版社，2007年

（4）撷芳主人：《Q版大明衣冠图志》，北京大学出版社，2016年

3. 网络资料

蒹葭从风：《汉服系统知识大纲》，"一、首服""三、足衣"部分，出自天汉民族文化网"民族传统服饰·礼仪·节日复兴计划"

第八章　汉服配饰

佩饰是指佩戴在人体各部位的饰物。主要分为佩件和首饰。中国的古代佩件是传统服饰制度的一个重要组成部分，除了具有美化功能外，还具有一些吉祥寓意、宗教寓意及礼仪观念上的特别意义。

传统佩饰品种繁多、工艺精湛，以动植物、神话传说、历史故事等作为题材，寓意吉祥，具有深厚的文化内涵。这些佩饰上的很多题材，记录了中国悠久的历史文化与风土人情，体现了中国文化一脉相承的精神，是中国历史文化多彩华丽的一页。

第一节　巧梳云鬟

"轻理云鬟别玉簪，巧梳乌发对镜怜"，每个人都有向往美好的天性，为了把自己美好的一面展现给旁人，人们会利用身边的事物来打扮自己，就像绣娘们在布匹上精致地刺绣，用自己手中的针线来装点绸缎。我国古代劳动人民无疑是智慧的，那么这些能工巧匠们都创造出了哪些美丽的艺术品呢？

一、金钗钿合

远在史前时代，人们就用梳子来梳理头发，并利用发笄、发箍等装饰品固发美发。古代男女均留长发，笄为古代男女用来插定绾起的头发或弁冕的。《仪礼·士昏礼》："女子许嫁，笄而醴之，称字。"《礼记·内则》"女子……十有五年而笄。"女子年满十五岁便算成人，可以许嫁，谓之及笄。如果没有许嫁，到二十岁时也要举行笄礼，由一个妇人给及龄女子梳一个发髻，插上一支笄，礼成后再取下。

笄：汉族传统发髻上的短小装饰物，用来插住挽起的头发，或插住帽子。笄是中国古代及其重要的头饰，上面常刻有鸳鸯或几何纹装饰，后来演化成了簪。

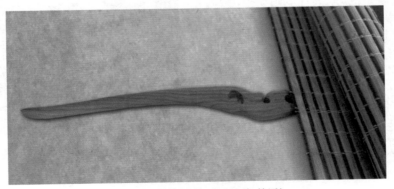

今人用于笄礼的笄（汉流莲 供图）

簪：是笄的发展。簪是汉族传统发髻上最基础的固定和装饰工具。簪的前端加有纹饰，雕刻成植物（花草）、动物（凤凰孔雀）、吉祥器物（如意）等形，并可用金、玉、象牙、玳瑁等贵重材料制作，工艺也愈发丰富，有錾花、镂花及盘花等。

镂空嵌宝人纹金簪（首都博物馆藏，汉服北京 供图）

今人制玛瑙烧蓝簪（锦瑟衣庄 供图）

钗：由两股簪子交叉组合成的一种首饰。钗与簪主要区别在于簪是做成一股，钗则作成双股。钗用来绾住头发，也有用它把帽子别在头发上。

发钗的安插有多种方法，有的横插，有的竖插，有的斜插，也有自下而上倒插的。所插数量也不尽一致，既可安插两支，左右各一支；也可视发髻需要而插上数支，最多的在两鬓各插六支，合为十二支。

步摇：是在顶部挂珠玉垂饰的簪或钗，是古代妇女插于鬓发之侧以作装饰之物，同时也有固定发髻的作用。走路的时候，步摇会随走路的摆动而动，栩栩如生，取其行步则动摇，故名。白居易《长恨歌》"云鬓花颜金步摇。"

华胜：又名花胜，古代妇女的一种花形首饰。华胜意为华丽的首饰。《释名·释首饰》："华，象草木之华也；胜，言人形容正等，一人著之则胜，蔽发前为饰也。"传说中西王母戴胜。古代有正月初七"人日"戴华胜的习俗。

鎏金蝴蝶纹银钗
（陕西博物馆藏，汉服北京 供图）

今人制烧蓝绿松石步摇（锦瑟衣庄 供图）

　　钿：用金、银、玉、贝等做成的花朵状装饰品。簪钗是用来绾住头发的，而用作发饰的花钿背面安有长脚，可以直接插入绾好的发髻起装饰的作用。钿有贴片、薄片的意思，鹅黄、花黄、面靥等其实也都可称为花钿，这里讲的是用在发饰中的钿。

　　梳篦：梳与篦（bì）古代统称栉（zhì），下面有齿，上面有背。齿有疏密，疏者称梳，用以梳理头发；密者称篦，用以清除发垢。梳篦多为木制或竹制以及名贵物料制作，如金、银、象牙、犀角、水晶、玳瑁、锡、嵌玉镶珠等材质。梳篦在古时是人手必备的发饰，尤其是妇女，几乎梳不离身，时间一久，便形成插梳的风气。唐宋妇女有插梳风气，至今福建惠安女还有头上插梳子的习惯。

玉梳（浙江博物馆藏，汉服北京 供图）

都督夫人太原王氏供养像（右一为
头戴梳篦的贵族女子）

　　额帕：又名"头箍"，妇女包于头额，明代较盛行，老幼皆用。一般用乌绫为之，夏则用乌纱。每幅约阔二寸，长四寸。后用全幅斜折，阔三寸裹于额上，垂后而再抄向前作方结。年老者或加锦帕。崇祯时尚狭，用二幅，每幅方尺许，斜折阔寸余，一幅施于内，而另一幅加之于外，另作方结加于外幅正面。

二、堕珥遗簪

　　玦：一种开口的环状装饰物，一般呈扁平体，圆形，中心有孔，佩戴于耳上。新石器时代，长江流域中下游地区及华南地区的人们已经将玦用作耳饰。商周以后，中原地区及北方地区的居民，也喜欢在耳部佩戴这种饰物。制作玦形耳饰的材料，主要是玉，此外还有骨、石、玛瑙、象牙等。

　　瑱：又名充耳。瑱是古时的一种耳饰，瑱的佩戴方式有三种说法，古代有注释家认为是塞于耳中；现在主流的观点认为瑱是系于笄簪，悬于耳侧的方式佩戴；也有人认为瑱是先在耳垂穿孔，穿孔佩戴的。大约可以

冕（图中有瑱）（清）黄以
周《礼书通故》

分为男女两式，男子的瑱则多称为"充耳""纩"。女子的瑱，较有特色的则是"簪珥"，即将悬有瑱的丝绳系于发簪之首，插簪于髻，悬于耳际。《诗经·鄘风·君子偕老》在刻画卫宣姜时写道："鬒发如云，不屑髢也；玉之瑱也，象之揥也，扬且之皙也。"

耳珰：是将美丽玉石制作成腰鼓形耳饰，一端较粗，常凸起呈半球状。戴的时候以细端塞入耳垂的穿孔中，粗端留在耳垂前部。耳珰的材质有金、玉、银、玻璃、骨、象牙、玛瑙、琥珀、水晶、大理石等。其中玻璃耳珰在当时最为普遍，古代人们称玻璃为"琉璃"，五光十色的玻璃，比玉还要光亮美观。

耳环：是环状的耳饰。又有耳坠，垂下珠子等物。也叫作珥。古籍载耳珰垂珠者曰珥。《战国策·齐策三》："薛公欲知王所欲立，乃献七珥，美其一。明日，视美珥所在，劝王立为夫人。"古时候，人们讲究"耳大如轮，眼大有神"，注重以貌取人，认为耳垂小了是没有福气的象征。但是如果天生有对小耳垂，只有戴上耳坠，才能把耳轮拉长。因此，妇女都喜欢戴一副耳坠。

暖耳：唐人称"耳衣"。戴在耳朵上御寒的用具。古人于隆冬严寒之际护耳防冻的耳套。曾为统治阶级所专用。如中国明代百官入朝就戴暖耳以御寒。暖耳一般用狐皮制作，有的仅把双耳遮住，如后世的"耳套"；也有把纱帽全部笼上的，犹如"风帽"。唐朝李廓在诗《送振武将军》中有"金装腰带重，锦缝耳衣寒"句，可见耳衣为御寒护耳而制。

三、项映成辉

串饰：是指将各种饰品搭配，并用绳子穿起来装饰颈项的饰品。最初的串饰选材多以骨、牙、玉石、贝壳为主。后期则以金、银、宝石、玉等贵重材质为主。在串饰上加以"项坠"及搭扣，称之为项链。

项圈：一般是用金、银、铜等金属煅制的素圈，也有用整块美玉雕制的，富贵之家还喜欢在上镶嵌珍珠宝石。项圈的形式多种多样，主要有封闭型项圈和开口型项圈。项圈不仅是简单的装饰，还作为祛病辟邪的象征物。因此多给孩子佩戴，并在项圈上悬挂有长命锁或贵重材质的坠子。坠子上多刻着有吉祥寓意的图案或文字。《红楼梦》中，贾宝玉、薛宝钗、史湘云都戴有项圈，贾宝玉项圈上挂着出生时口中所含的美玉，薛宝钗项圈上挂的是刻有"不离不弃，芳龄永继"的金锁，而史湘云项圈上悬挂的是一只金麒麟。

璎珞：又称华鬘，是用珠玉串成

今人制璎珞（锦瑟衣庄 供图）

的装饰品，形式华贵，多佩戴于颈项。璎珞原为古代印度佛像颈间的一种装饰，在南北朝时期随佛教传入中国。唐代以后受到不同阶层女性的欢迎。《妙法莲华经》记载用"金、银、琉璃、砗磲、玛瑙、真珠（珍珠）、玫瑰七宝，合成众华璎珞。"璎珞还有美玉的意思。

范文正公朝服像（佩戴方心曲领）

方心曲领：现多指套在宋代朝服交领上的用白罗制成的饰件。宋之前已有"方心曲领"，但是由于五代十国的战乱，遗失了诸多细节和实物。宋人依据古籍，根据自己的理解，将方心曲领设计成了上圆下方，形似璎珞锁片，白罗做成的半环形"项圈"。这种方心曲领被纳入礼服系统传承下来，一直沿用到明末，并传至日本、韩国。

至迟从汉代开始，官员为了使朝服更加熨帖，在外衣领内衬上一个圆形护领，名为"曲领"，也称"拘领"。汉刘熙《释名·释衣服》中写"曲领在内（曲领之衣），所以禁中衣领上横壅颈，其状曲也。"意为免得内衣衣领拥起。北朝至唐的方心曲领是在中单上衬起一半圆形的硬衬，使领部凸起。宋代是以白罗做成上圆下方（即做成一个圆形领圈，下面连属一个方形）的饰件压在领部。

霞帔：霞帔是中国古代妇女礼服的一部分，类似现代披肩。由于其形美如彩霞，故得名"霞帔"。明代采用此式较为普遍，形状如一条长长的彩色挂带，每条霞帔宽三寸二分，长五尺七寸，穿着时绕过脖颈，披挂在胸前，下端垂有金或玉石的坠子。

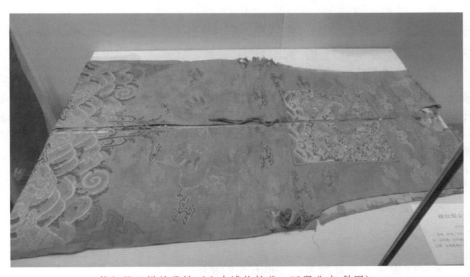
赭红缎云蟒补霞帔（山东博物馆藏，汉服北京 供图）

霞帔的式样纹饰随品级高低而有区别，类似百官的补服。《格致镜原》引《名义考》中称："今命妇衣外以织文一幅，前后如其衣长，中分而前两开之，在肩背之间，谓之霞帔。"其中所描述的形式是明代霞帔，到了清代，胸前、背后缀以补子，下摆缀以五彩垂缘。清代女装的补子纹样只织绣禽鸟，而不用兽纹。

四、臂钏手镯

金手镯（山东博物馆藏，汉服北京 供图）

手镯： 一种套在手腕上的整块的环形饰品。据考古发掘，在旧时器时代后期，古代先民已经有陶环、石镯等物品。新石器时代的手镯刻有简单花纹。到了春秋战国，手镯越来越丰富，而且出现了金属手镯。隋至唐宋，佩戴手镯蔚然成风，不论平民百姓还是官宦贵族。宋明期间，人们对手镯材质和工艺有了更高追求，多种款式和各种制作技术大量涌现。

手链： 一种首饰，佩戴在手腕部位的链条，多为金属制，特别是银制，也有矿石、水晶等穿的。区别于手镯和手环，手链是链状的，以祈求平安，镇定心志和美观为主要用途。

臂环： 来源于镯，佩戴于女子的手臂之上，几个手镯合并在一起，名为"钏"，也称为臂镯、臂钏、条脱、缠臂金。臂镯是妇女最重要的臂饰。汉魏时期，因丝绸之路的兴起，西域穿戴之风传入，臂环之风盛行。隋唐至宋朝，妇女用镯子装饰手臂已很普通。初唐画家阎立本的《步辇图》，周昉的《簪花仕女图》都描绘了戴臂环的女子形象。

第二节 玲珑环佩

汉代繁钦的《定情诗》中"何以结恩情？美玉缀罗缨""何以致叩叩？香囊系肘后"，说的是古人优雅而含蓄的定情方式。在诸多影视作品中也都有如下的动人场景：窈窕淑女将自己绣的荷包送给心仪的男子，或是翩翩君子将随身的玉佩赠予中意的女子。互相许下"非卿不娶，非君不嫁"的誓言，最终成就一段美好姻缘。

那么玉佩香囊究竟为何物呢？

一、玉佩琼琚

"玉，石之美者。"

——（汉）许慎《说文》

通俗的说法，美石为玉，玉是石头的精华，古人认为是具有祛邪避凶的灵石。玉从旧石器时代至今已有 5000 多年的历史。从旧石器时代到奴隶社会、封建社会，佩带的玉器代表着人们的社会地位。同时，玉在中国的文明史上有着特殊的地位，古人赋予玉的美德，计有十一德、九德、七德、六美（德）、五德诸说。孔子说："夫昔者君子比德于玉焉：温润而泽，仁也；缜密以栗，知也；廉而不刿，义也；垂之如队，礼也；叩之其声清越以长，其终诎然，乐也；瑕不掩瑜、瑜不掩瑕，忠也；孚尹旁达，信也；气如白虹，天也；精神见于山川，地也；圭璋特达，德也；天下莫不贵者，道也。"（《礼记·聘义》）古人给美玉赋予了那么多人性的品格，至今人们仍将谦谦君子喻为"温润如玉"。

古人的很多生活器具都是玉雕成的，但能常戴在身上的只有玉佩。古语有"君子无故，玉不去身"。

《礼记·玉藻》："君子无故，玉不去身，君子于玉比德焉。天子佩白玉而玄组绶，公侯佩山玄玉而朱组绶，大夫佩水苍玉而纯组绶，世子佩瑜玉而綦组绶，士佩瓀玟而缊组绶。孔子佩象环五寸，而綦组绶。"玉佩与礼法密切相关。

在周代，玉首先是器，被用来作为礼器或信物。这是男性的天地，也是男性权力的一种表征方式。这个时期的玉佩雕刻手法较简单，而此时的玉佩多是用于宗教仪式或是个人佩戴。

汉魏以后，门阀世族子弟、官宦士绅无不佩玉，并相沿成俗。其图案样式多采用抽象与写实结合的手法，寓意为辟邪保平安。固然其道德功能还在起作用，起码在士阶层中是如此，但是作为一种社会身份的表征，佩玉更多地发挥着一种社会区别功能。

唐宋时期社会经济相对发达，佩戴玉佩更加流行。玉佩形制日趋小巧，表现题材也愈发多样。并且玉佩的雕刻手法也受到了绘画影响，变得层次分明，构图清晰，题材新颖。

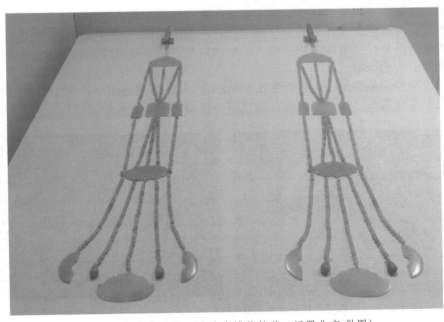

描金云龙纹白玉佩 （山东省博物馆藏，汉服北京 供图）

明清时期的玉文化非常的繁荣，玉佩样式以及数量超过了历史上所有的年代。上至皇宫贵族，下至平民百姓，几乎都佩戴玉佩。富贵人家的玉佩多是以和田玉等名贵的玉种制成，普通的百姓人家所用的玉佩材质多是青玉等品质稍次一些的玉种。这个时期的玉佩题材尤为丰富，最为常见的有生肖佩、家禽佩、神兽佩等。

在中国古代男子佩玉这种习俗中，道德功能与区别功能是佩玉的主要功能。只是在不同时代，这两种功能的重要性有所不同而已。女性玉饰品则以审美功能与区别功能为主要功能，并且区别功能始终与审美功能共同发挥作用。

玉佩根据所雕刻的图案不同，也表达了不同的意义，通常分为以下几类：

1. 吉祥如意：表现人们对幸福生活的追求与祝愿，代表图案主要以龙、凤、祥云、灵芝、如意为主，在古代龙凤只有帝王可以佩戴。庶士多佩戴：祥云、如意、喜鹊、灵芝、蝙蝠、葫芦等。

2. 长寿多福：表达人们对健康长寿的期望与祝愿。佩戴人群多为中老年人。代表图案主要以寿桃、龟、松、鹤、鹿等。

3. 家和兴旺：表达希望夫妻和睦、家庭兴旺。代表图案主要以鸳鸯、并蒂莲、白头鸟、鱼、荷叶、荷花、万年青、牡丹、莲藕、鲤鱼、石榴、葡萄等。

4. 平顺安宁：表达人们对平安宁静生活的向往。代表图案主要以花瓶、灵芝、鹿、鹌鹑、柿子、穗、竹等。

二、金玉带钩

带钩：是古代贵族和文人武士所系腰带的挂钩，古代又称"犀比"。

带钩多用青铜铸造，也有用黄金、白银、铁、玉等制成的。很多带钩制作考究，镶金嵌玉，雕刻铭文，美不胜收。带钩相当于我们现在的皮带卡，主要用于钩系束腰的革带，多为男性使用。它起源于西周，战国至秦汉广为流行。带钩是身份象征，带钩所用的材质、制作精细程度、造型纹饰以及大小都是判断带钩价值的标准。

带钩首先是实用品，主要用来结带之用。有关带钩是实用品的文字和实物，历史上都有大量记载，在大量古墓挖掘中也得到印证。秦始皇时期，秦军作战

战国 琵琶形带钩（陕西历史博物馆藏，汉服北京 供图）

明代《无款夫妇容像》中的带钩细部

的策略首先是消灭敌人，然后是保存自己，所以军人装备尽量做到轻装简行。当时士兵下身不穿铠甲，凡是不利行军打仗的装饰一律不带。带钩是必备必用之物，常挂于腰间。有一些带钩，其纽本身就是一个印章，也叫带钩印。一物两用，既是带饰，又是印章，带在身上十分方便。

在陕西汉阳陵汉景帝的陵墓中出土了大量小型带钩，这些小型带钩出现在陵墓中陶俑周边，随着岁月的流逝，陶俑身上的衣服腐烂，带钩脱落。据此推断，在当时带钩已是人们的生活必需品。

带钩的结构为钩头、钩柄、钩体，基本形制侧视为"S"形。钩体中部或下端有钩柄，固定于皮带的一头，上端的钩头，钩挂皮带的另一头。钩接的方法是带头居右，带尾居左，带钩从左侧带尾孔中钩出。皮带用钩的具体使用方法分为单钩法、并钩法、环钩法三种。根据秦俑所使用带钩的实例观察，秦俑皮带用钩使用了"单钩法"，即将带钩钩柄固定于皮带的一端，钩头在皮带另一端的几个孔中选择松紧，然后从孔中穿出。

三、锦缎香囊

荷包的前身叫"荷囊"。荷者，负荷；囊者，袋也。用来盛放零星细物的小袋。

荷包为盛装各种零碎物品的活口小包。汉服上没有口袋，因此出于实际需求，会在腰带或衣带、裙带上垂挂一或多个活口小袋，在其中装盛随手会用到的物件。《北堂书钞》卷一三六引《曹瞒传》："（曹）操性佻易，自佩小囊，以盛毛巾细物"，此中所记的小囊就是荷包。"荷包"一词大致出现在元代，也是在这个时代，抽口荷包的样式开始流行。

荷包的造型有圆形、椭圆形、方形、长方形，也有桃形、如意形、石榴形等；荷包的图案有繁有简，花鱼山水、草虫鸟兽、人物以及吉祥语、诗词文字等，装饰意味很浓。

荷包成为珍贵佩饰物当缘始于唐代。唐封演《封氏闻见记·降诞》："玄宗开元十七年，丞相张说遂奏以八月五日降诞日为千秋节，百寮有献承露囊

荷包（山东博物馆藏，汉服北京 供图）

者。"百官献囊名曰"承露囊"，隐喻为沐浴皇恩。民间仿制为节日礼品相馈赠，用作佩饰，男女常佩于腰间以盛杂物。

香囊：又名香袋、花囊，装香料的小袋，古人常佩于身上或系于帐中。

香囊大致分为两类。一类是金银、玉、翠等硬材制作的小盒，盒面镂空以散发香气；一类则是纱、罗、锦、缎等织物缝成的软质小袋。《周礼》云："五彩备，谓之绣。"香包用青、赤、黄、白、黑五色丝线刺绣而成，色彩绚丽，

自然有装饰衣着、把玩欣赏之审美功用，又因填有特殊的中药材，兼有驱邪、除菌、爽神等功效。

荷包与香囊的功能不同，彼此无法代替对方的角色，当然也就决定了二者在形态上彼此相差很远。《红楼梦》中，黛玉误以为宝玉把她亲手做的荷包给了小厮，一怒之下铰坏了没做完的香袋，这个情节就很典型地反映出，传统生活中，这两种物品彼此绝不混淆。

丝织的香囊一般贴身而戴，一般有女性细心缝制，并绣上精致的图案，所以，香囊常成为多情男女之间传达爱意的载体。

《晋书·贾充传》中记载了贾充的小女儿贾午与她父亲贾充的幕僚韩寿相恋的故事，幽会时贾午以西域的香料相赠，不料上朝时韩寿身上的香味被贾充察觉，他猜到了事情的缘由以后，没有

鎏金银香囊（唐代，国家博物馆收藏，王溪供图）

责怪女儿，而是让女儿嫁给了韩寿，并因此成就了一段佳话。这西域之香由贾午装在自己亲手做的香囊里相赠，才不算辱没了贵重礼物和女儿家的一番情意。

最初香囊为有开口的小袋，其中的香料可以多次更换。但是从元代开始，很多丝织的香囊，在装入香料后即将开口缝死。从此香囊便成为"一次性用品"。一旦囊内香料的香气散尽，就此弃置不用了。然而，如此的一次性香袋都是设计精心，造型表现寓意吉祥的主题，动用各种精湛的女红技艺，需花费做袋人极大的心血，件件均为上乘的工艺品。

四、官服配饰

鱼袋：不仅是盛物的口袋，在唐宋时更是官员佩戴的证明自己身份的物品。

唐高宗永徽二年（651年）始，赐五品以上官员鱼袋，饰以金银，内装鱼符，出入宫廷时须经检查，以防止作伪。武则天时，曾改佩鱼为佩龟。三品以上穿紫衣者用金饰鱼袋，五品以上穿绯衣者用银饰鱼袋。

至宋代，不再用鱼符，而直接于袋上用金银饰为鱼形。亲王有被赐以玉鱼者。金鱼袋紫色衣称为"金紫"，银鱼袋绯色衣称为"银绯"，一旦受赐，十分荣耀。宋代文学家苏东坡曾被赐以银鱼袋及绯色公服。

官员出京外任或作使臣时，还可"借紫""借绯"，即借用比原先高一等的章服。

革带：皮做的束衣带。《礼记·玉藻》："肩革带，博二寸。"汉儒郑玄注释为："凡佩系于革带。"明朝的腰带，开国之初即规定为革带，带上缀有带銙，即按官员品级的不同分别用玉、金、银、铜、乌角等不同材料制作的装

饰板。这样的革带也就分别称之为玉带、金带、银带等等，其中以玉带最为尊贵，一品以上官员才能使用。

蹀躞带：一种具有收纳功能的腰带，一条主带上有不定数量的小带，方便系住各种杂物。蹀躞带本为胡制，魏晋时传入中原，到唐代曾一度被定为文武官员必佩之物，以悬挂算袋、刀子、砺石、契苾真、哕厥（yuě jué）、针筒、火石袋等七件物品，俗称"蹀躞七事"。

"带衣所垂蹀躞，盖欲佩带弓剑、帉帨（fēn shuì）、算囊、刀砺之类。自后虽去蹀躞，而犹存其环，环所以衔蹀躞，如马之鞦（qiū）根，即今之带銙也。天子必以十三环为节，唐武德贞观时犹尔。开元之后虽仍旧俗而稍褒博矣。然带钩尚穿带本为孔，本朝加顺折，茂人文也。"

——（宋）沈括《梦溪笔谈》[59]

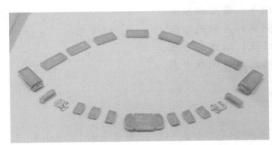

金镶灵芝纹白玉带（山东博物馆藏，
汉服北京 供图）

今人佩带蹀躞带（天汉民族文化网，
百里奚 供图）

今人所制革带（北京控弦司 供图）

---

59 译文：皮腰带上挂着的蹀躞，大概是用来佩带弓剑、手巾（帉帨：佩巾，手巾）、算袋、磨刀石一类物品的。以后虽然去掉了蹀躞，但还保存着它的环，环与蹀躞连接如同系在牛马股后的革带（鞦根：套车时拴在牛马大腿后面的一种环），也就是如今皮带上的装饰扣版。帝王必定以13个环为标准，唐代武德、贞观时期还是这样。开元以后，虽然沿用旧的习俗，但是稍稍宽大了些（褒博：宽大），不过带钩还是从带身穿过。带身上原来做的是小孔，本朝改革为顺折，使人的外表装饰更加精美。

华夏有衣

走进汉服文化

拓展阅读：《定情诗》（节选）

文：（汉）繁钦[60]

何以致拳拳？绾臂双金环。
何以道殷勤？约指一双银。
何以致区区？耳中双明珠。
何以致叩叩？香囊系肘后。
何以致契阔？绕腕双跳脱。
何以结恩情？珮玉缀罗缨。
何以结中心？素缕连双针。
何以结相于？金薄画搔头。
何以慰别离？耳后玳瑁钗。
何以答欢悦？纨素三条裙。
何以结愁悲？白绢双中衣。

资源链接

1. 现代研究

（1）马大勇：《云髻凤钗：中国古代女子发型发饰》，齐鲁书社，2009 年

（2）戚琳琳：《中国红古代佩饰》，黄山书社，2012 年

（3）王金华：《中国传统服饰：绣荷包》，中国纺织出版社，2015 年

（4）吴沁江：《云裳钗影》，上海古籍出版社，2015 年

（5）王晓予：《中国最美云肩：繁花似锦之纹饰》，河南文艺出版社，2012 年

（6）扬之水：《奢华之色——宋元明金银器研究》，中华书局，2010 年

（7）镜子：《舞青丝——古装影视发型完全学习教程》，人民邮电出版社，2015 年

（8）马大勇：《红妆翠眉：中国女子的古典化妆、美容》，重庆大学出版社，2012 年

2. 网络资料

蒹葭从风：《汉服系统知识大纲》，"四、饰件"部分，出自天汉民族文化网"民族传统服饰·礼仪·节日复兴计划"

60 繁钦（pó qīn）（？——218），字休伯，东汉颍川（今河南禹县）人。曾任丞相曹操主簿，文辞巧丽，《定情诗》是其代表作。

第九章 图案配色

汉民族数千年的服饰文化中，受时代风尚、宗教礼法、中外文化等更各种因素的影响，形成了寓意丰富、瑰丽多姿的花纹图案。人们对大自然的理解，对生活和理想的热情期望，与礼制背后的社会秩序互相作用，构成了汉服的图案文化。

第一节 传统纹样

中国传统服饰制度中的装饰图案，不但有外形的形式之美，更能彰显内在的精神意涵。图案的传统生成，与汉服的性质密不可分，它不是单一的服饰文化，而是礼制的支系，有非常强的取法天地、合和人伦的生成思想，不论是裁剪制度，还是纹饰构图方法，从华夏文明正源的上古三代就已经很明显地表现出来。

在服饰的世界里，从郁郁人文的先秦礼法，到多彩浪漫的唐宋花饰，各式各样的图案来源都与自然密不可分，上古先民通过对自然的观察和感悟，将其表现在服饰中，形成华夏文明特有的纹饰。我们把汉服的纹饰大致分为三类。

一、天地图腾

第一类是从云彩、水波等身边事物抽象形成的云雷纹类型，这类花纹与先民对天地自然的早期认识关系紧密。头顶上的天空，山脚下的沼泽与河流，都是人类生活日夜面对的世界。人们自然而然的形成了敬畏，乃至膜拜，故而由此衍生的花纹具有更多的宗教色彩。

云雷纹：指呈圆弧形卷曲或方折的回旋线条图案，圆弧形的也单称云纹，方折形也称雷纹，云雷纹是两者的统称。云雷纹原多用于陶瓷器具，在青铜器具上也多作为底纹使用，在服饰上往往用为主纹。商周时代的云雷纹古朴严谨，是那个时代抽象、厚重的文化形态的表现。上古时代的艺术有更多的宗教气息，其花纹用夸张的图案塑造出对天地自然的敬畏之心，服饰也便显得肃穆而庄严了。

青铜器上的云雷纹样（青岛汉服社 王忠坤 供图）

华
夏
有
衣

走
进
汉
服
文
化

云雷纹缘边多见于上古时期，在商代妇好墓出土的玉人上就有发现。从出土的战国、秦汉陶俑、实物来看，缘边上常见花纹，如汉代长沙市马王堆汉墓、青州香山汉墓的俑。人们常用织带或绣花、织锦、彩画等技法制作缘边，装饰大带、领、袖与裳缘边，到宋明时也常见。缘边上常承载文化信息，也许先民们认为，把设计思想着墨于此，个中寓意表达的更为简洁、经济而又明确。

回龟纹／二方连续构图式：商周时代缘边上广泛运用的还有回龟纹和菱形纹，其花纹结构与云雷纹类似，表现得非常规则，一般采用二方连续的构图方式循环展开。

传统衣料大多是二方连续构图的。二方连续是一种构图模式，它运用一

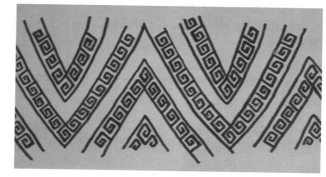

回龟纹（青岛汉服社 王忠坤 供图）

个或几个单位的纹样进行上下（纵向）或左右（横向）两个方向的反复排列，其特点是连续、递进、回旋。设计时要注意单位纹样之间的衔接、穿插和呼应，使之形成完整的统一体。在绘制时左右两方或上下两方必须延续有机地连接。

二方连续构图（青岛汉服社 王忠坤 供图）

《周易》曰"远取诸物，近取诸身"，先民创生文明秉持着华夏文明特有的思维，仰观俯察天地万物之象，并施之于日用人伦，建筑、日用物品、服饰都透出这种天人合一的观念。云雷纹，来自于人们对天地万象的感受，是自然物像图案化的结果，表达了先民对自然的敬畏，有神秘的寓意，也有吉祥的期许；回龟纹受早期宗教祭祀用品龟甲的影响，有神权的寓意。随着人们对上天的敬畏慢慢淡化，这一类花纹风格的宗教意味逐步消解，形成了唐宋以来全然以吉祥为寓意的祥云纹，以及明代服饰中常用的四合云纹。

四合如意云纹：以云为物象依据的纹饰，从商周时期的云雷纹、两汉时期的云气纹开始，并受到唐宋时期以花草植物为主题的纹饰风格影响，演变为灵芝云纹以及与器物如意相互结合形成的如意云纹等，发展至明代，终于形成了四合如意云纹，并构成明代纺织品典型的纹样。

四合如意云纹以一个单体如意形为基本元素，分上下左右四个方向斗合形成

一个非常完整的四合如意形，然后在其边缘延展出飞云或流云等辅助装饰纹样。四合如意云在明代被称作骨朵云，《明实录》中曾见记载，但在考古中一般称其为四合如意云。

四合如意云是云纹在发展历史中与如意纹结合的产物。在先民的观念中，云是圣人之造物，通过观察云形的变化辨识人间的水旱，乃至预测吉凶，《周易》曰："变化云为，吉事有祥。"云与

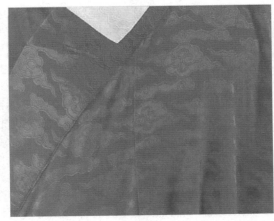

四合如意云纹面料制作的道袍（局部）（青岛汉服社 王忠坤 供图）

中国传统农业社会的关系如此密切，自然便有通神人、观天命的神秘作用。古代史书中，多次言及新王朝的帝王登基之前，天空中出现祥云气象。在神仙道教的观念中，修道成仙的人也是登云而去的。云在华夏传统中如此丰富的寓意，使其成为服饰面料中常用的纹饰，表达着人们对生活美好的期盼。

二、花叶扶疏

第二类是以花草树木为主题的唐宋花叶类图案。以花朵、枝蔓等为表达元素，构成排列有序的图案，它们或作为服饰上的明纹、缘边，或作为底色暗纹，都得到广泛的运用。这类风格的构图在唐代以后的服饰图案中占有重要地位，不同于先秦纹饰的高古与厚重，延及唐宋，人们更加关注身边的绚丽世界。有

（唐）周昉《簪花仕女图》（局部）

如唐诗的浪漫多情，妖娆的花草纹饰在服饰领域表现着人们的生活情趣。《虢国夫人游春图》《簪花仕女图》《韩熙载夜宴图》等这一时代的著名画作，为我们生动地记载了那个时代服饰中的花影摇曳。繁花似锦的多彩世界，使得纹饰题材大为扩展。用婀娜多姿的花叶抒发对生活的热爱，有着浓厚的诗人范儿，是唐宋服饰最拿手的笔法。

唐代服饰常用的花纹有：宝相花纹，瑞锦纹，散点式小簇花、小朵花，穿枝花等。其中在唐代拥有重要地位，并对后代服饰图案影响深远的宝相花纹，可用"端庄圆润、富丽饱满"八个字概括。

宝相花纹至今被广泛运用于各类中国风作品，在服装面料领域也相当常见。这一花纹几乎浓缩了唐文化的华丽与端庄、开放与融合，点缀出服饰中前代没有的勃勃生机、后代不及的富贵雍容，这一图案可谓大唐盛世时期中国人精神面貌的浓缩。唐代服饰花纹没有上古时代肃穆庄严的宗教沉思，而是如盛唐诗歌气象，既有边塞诗歌的自由奔放，也不乏田园诗歌的生趣盎然。翻开唐人的绘画，没有什么能像服饰一样，让我们触摸到那个帝国的华丽。

宝相花纹（青岛汉服社 周郑萍 供图）

宝相花纹设计图案（青岛汉服社 郭云嘉 供图）

宝相花纹是由盛开的花朵、花的瓣片、含苞欲放的花、花的蓓蕾和叶子等自然素材，按放射对称的规律重新组合而成的装饰花纹。在其花心和花瓣基部，用圆珠作规则排列，像闪闪发光的宝珠，加以多层次退晕色，显得富丽、珍贵，故名"宝相花"。宝相花的创作灵感来自金属珠宝镶嵌的工艺美，及多种花的自然美，是莲花、牡丹花、菊花等多种物象融合并加以艺术创作的结晶。自其雏形时代开始，便被广泛地运用于各类丝织品。

穿枝花纹，又称唐草纹，是另一种在唐代繁荣起来的纹饰，以波状线为主线条，将花朵、枝叶、藤蔓等勾连为疏密有度、含蓄缠

宝相花纹纹样汉服(摄影:希音居士)

绵的装饰纹样。这一构图形式对后来宋明服饰纹饰影响深远，逐步演变为后世常见的折枝茶花、折枝牡丹、缠枝莲等以枝蔓勾勒花朵为表现形式的暗纹，广泛运用于道袍、直身、袄裙等士女服饰。

穿枝纹又称为缠枝纹，是汉族传统中又一种具有吉祥寓意且运用广泛的纹样。它以莲花、牡丹、菊花、葡萄等为主题，以缠绕的藤蔓勾连在一起，花朵较大，而枝叶较小，以二方连续或四方连续的排列方式展开，构成波卷缠绵的效果，是一种优美而动感的纹饰结构。其构图原理，以波状线与切圆线相结合，再在切圆空间中或波线上缀以花卉并点以叶子，便形成枝茎缠绕、花繁叶茂的缠枝花卉纹或缠枝花果纹。缠枝纹是青花瓷及明代纺织物中常见的纹样，其盘区错节、连绵不断的缠枝构图形式，承载着生生不息的精神，寓意着人们对吉祥富贵的向往。因葡萄在古代寓意多子多福，在明代服饰中，缠枝葡萄纹氅衣以大面积的缠枝葡萄纹为底纹图案，表达了人们对生命延续的迫切希望，对儿孙满堂、家庭兴旺、生活美满的不断追求。

暗纹穿枝花纹面料（青岛汉服社 王忠坤 供图）　缠枝莲纹面料（青岛汉服社 王忠坤 供图）

三、吉祥神兽

第三类是取禽兽寓意的纹饰，即以动物为题材，进行抽象化的设计。这类图案或与服饰主人的社会身份相匹配，或是民间吉祥文化的表现。

动物类图案在汉服的发展历史中出现较早，先秦时期已经出现了各种形式。早期的动物类纹饰以想象动物图案为主，图案内容与服饰主人的社会身份、官阶没有必然的联系。时代越近，写实的动物类纹饰越多，等级思想越来越强，吉祥祝福的含义也越浓烈。《旧唐书·舆服志》记载，唐朝武则天时期的朝臣冠服，出现了动物纹饰与官员品级相结合的思想。不过，这种观念随着武后的退位也就消失了，在那个时期并没有代表性。终唐之世，并没有形成以图案代表品官的冠服制度。

战国服饰中，有饕餮纹、蟠螭纹等，动物的头、脚、爪等器官表现得较为夸张，纹路的构图方式以直线为主、曲线为辅，其肃穆庄严的审美取向与先秦云雷纹意趣相通，构图笔法也接近。出土壁画中的汉代服饰上浓郁楚风的凤鸟纹反映出汉代服饰图案受到皇室出身的楚文化所影响，动物纹饰的表达方式也比先秦更为自由浪漫，这似乎是楚文化的气质，富于变化，感情浓烈而奔放，如同屈原留给我们的楚骚宏阔。

　　动物类图案的集中出现是明代的事情，这也是明代服饰礼服的一大特色。明代纹饰内容有现实动物与想象动物两大类。前者有走兽类的狮子、豹、虎、犀牛、海马等，有飞禽类的仙鹤、孔雀、锦鸡、鹭鸶等，多用于官员礼服的补子，标明品级；后者有龙、蟒、斗牛、飞鱼、獬豸、凤凰等，用于帝后服饰、诸侯王服饰和朝廷赐服。除此之外，还有鲤鱼、蝴蝶、仙鹿、蝙蝠、喜鹊等，是吉祥祝福之风反映在服饰图案中的产物。鲤鱼跳龙门纹样寓意科举考中；喜鹊与梅花搭配出喜鹊登梅的组合图案，象征喜报新春；蜜蜂与灯笼、稻穗组合，象征五谷丰登。这类民间吉祥寓意的图案，在马面裙的底襕纹饰中有非常生动的表现，且常与卍字纹组合，形成连绵不断的意趣。

现代汉服商家制作的马面裙（青岛汉服社 王忠坤 供图）

　　值得一提的是，明代霞帔的纹饰非常富有特点，后妃的霞帔绣有相对的行龙，而命妇霞帔绣有仙鹤等禽类图案，可谓是女子服饰历史上的一大特点。《三才图会·衣服》云："霞帔非恩赐不得服，为妇人命服。"也就是说，霞帔非品官夫人不得穿着。穿戴霞帔，是明代女子服饰的最高追求目标。所以霞帔的纹饰也集中体现了那个时代的女子服饰图案观念。

第二节　汉服配色

　　色彩是汉服美学的重要组成部分，和形制、纹饰一起构成了汉服审美的基础。与现代服饰的色彩张扬个性不同，汉服的用色更富有艺术性和哲学性，追求沉静、雅致、婉妙、中和的美感，还要符合五行五色的宇宙观和礼制规划的秩序。这使得历代汉服的色调在官学礼制的影响下发展，又与华夏传统追求天地人和、素雅沉静的格调中相统一。因此，古人服饰的色彩看起来不会显得浮躁、花哨，而是耐人观看的，参差错落中有和谐，雍容端庄中有意趣。

一、五行五色

五行，是我国上古时期认识世界的古老观念，属于物质组成学说。古人认为世界由五种基本的物质构成，即木、火、土、金、水五大类，并叫它们为"五行"，它们之间又通过某种运动形式互相转化，形成天地宇宙之间的万事万物。据《尚书•洪范》记载："五行：一曰水，二曰火，三曰木，四曰金，五曰土。水曰润下，火曰炎上，木曰曲直，金曰从革，土爰稼穑。润下作咸，炎上作苦，曲直作酸，从革作辛，稼穑作甘。"在揭示宇宙基本构成物质的基础上，对每一类事物的特性都做出了说明。在先秦诸子百家的思想争鸣中，五行思想进一步发展，其中五德五色和相生相克的概念深刻地影响了历代衣冠颜色尊卑的判断。

五行归类表

五行	五味	五色	五化	五方	五季
木	酸	青	生	东	春
火	苦	赤	长	南	夏
土	甘	黄	化	中	长夏
金	辛	白	收	西	秋
水	咸	黑	藏	北	冬

五行与五方相关联，又与五色（青、赤、黄、白、黑）相对应。《周礼•考工记》记载"画缋之事，杂五色，东方谓之青，南方谓之赤，西方谓之白，北方谓之黑，天谓之玄，地谓之黄。"五行与五季（四季之外加上夏秋之际的季夏[61]）相结合，五行代表的五色恰好可以顺应一年五时的自然色彩变化。春季草木生发，对应五行之木，属青色；夏季骄阳似火，对应五行之火，属赤色；夏秋之际的季夏植物结果，对应五行之土，属黄色；秋季万物萧瑟，对应五行之金，属白色；冬季霜雪覆盖，对应五行之水，属黑色。

五色与五行的观念相结合之后，颜色具有了天地宇宙一般神圣的象征意义，也变得更为客观，符合天道人伦的礼法制度。又将五行与五德相结合，形成了五德循环论：在中国历代王朝更替中，每一个新王朝都对应五德中的一德，每一德对应五行中相应的颜色，因此导致每一个王朝都有自己崇尚的色调。新的王朝诞生之后，帝王为了表示受命于上天，就着手改服色，易正朔。

---

61 季夏，是夏季的最末一个月，即农历六月。这一概念由战国时期阴阳家邹衍提出。邹衍以五行相生理论为基础，于一年四季（时）之中又增加了季夏而成为五时（季），与自然界五行之土相配类比推演而来，如此则进一步完善了"四（五）时教令"学说。中医称"长夏"。《素问•六节藏象论》唐代医学家王冰注云："长夏者，六月也。土生于火，长在夏中，既长而旺，故云长夏也。"

朝代	五行	颜色
周	火	赤
秦	水	黑
西汉	土	黄
东汉	火	赤

从如上表格中，我们可以看到几个王朝受五德观念影响，而衍生出来对某一种颜色的崇尚，进而影响到了那个时代的服饰色调。

中国古代，象征五方五季五行、象征季节变换的五色在服饰中运用是很广泛的：天子冕服，上有华虫，即五色之锦鸡。冕上的十二旒玉藻，也是五色的。王后（后来的皇后）六衣，也是五行五色之象征。《周礼·天官·内司服》："掌王后之六服。袆衣、揄狄、阙狄、鞠衣、展衣、缘衣。素沙。"王后六服之衣色，袆衣先是玄色后是蓝色，象征天；揄翟蓝色；阙翟红色；鞠衣为黄色(麹尘色，黄绿色)，象征地，象征桑叶初生色，赞美女性蚕织之功；展衣为白色；褖衣黑色。袆衣上的十二行翟纹（红腹锦鸡）也是五色具备。汉代又有五时衣，按五季变换而穿；有大重

《历代帝王图》局部，天子戴冕，玉藻即为五色

之衣，象征五方五行。这些都是宝贵的中华色彩配置之法。

此外，周朝作为中国礼制的集大成时代，它汇总并深化的礼制垂范后世，成为中国历代衣冠礼仪制度的理论来源。孔子说："周监于二代，郁郁乎文哉，吾从周。"周王朝对礼服的佩玉也有相应的要求，这也是服饰色彩的有机组成部分：天子配白玉，公侯配深青玉，大夫配浅碧玉，世子配红玉。以颜色作为尊卑的标志，在历代的服饰文化中都非常明显，官方的礼书不但规范不同品级的官员服饰颜色，也规定庶民服饰的颜色。

二、正间相随

在汉服的配色方面，有正色和间色之分，正色属于主色调，色彩纯粹，与五行对应的有五种正色，间色是各种正色之间的过渡色。正色用于汉服的重要组件部分，间色用于辅助组件，或各种正色调之间的填充。《礼记·玉藻》曰"衣正色，裳间色。"因为在隆重的衣裳制大礼服中，衣更为重要和尊贵，所

以用正色，而裳相对次要，所以用正色之间的过渡色即间色。冕服的玄衣纁裳搭配，显得静穆而威严，唐代经学家对此解释说"玄是天色，故为正；纁是地色，赤黄之杂，故为间色。"也就是说，玄色属于正色，用于礼服的衣，而纁色是红色黄色的混合色调，属于杂色，用于相对次要一些的下裳。

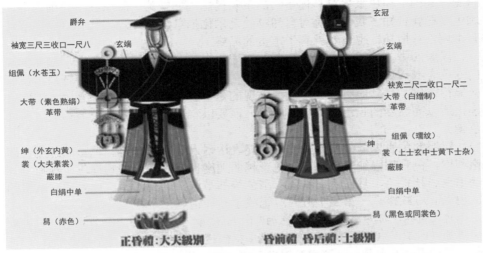

周制婚礼服中的玄纁色(兼葭从风 绘)[62]

正色与间色

青为木，赤为火，黄为土，白为金，黑为水，构成了五种正色，另加象征天的玄色，构成了最为尊贵的六种正色。因为玄色只有在极其隆重的礼服中才会使用，如冕服、玄端等，所以一般使用的正色即五正色。南朝梁儒皇侃说："正，谓青、赤、黄、白、黑五方正色也；不正，谓五方间色也，绿、红、碧、紫、骝黄是也。"《论语•阳货》曰："恶紫之夺朱也。"《庄子•逍遥游》曰："天之苍苍，其正色邪？"朱是

玄纁色(兼葭从风 绘)[63]

赤色，即正色，紫色是间色；玄色象征天，是正色。这都是古人对颜色划分的例证。正色是尊贵的色调，用于大礼服，间色混杂，只能用于礼服的次要组件。士大夫的常服和庶民的服饰，用间色调。礼服代表天下秩序，肃穆而庄严，因此需要运用正色；常服在礼制方面没那么重要，却也因此少了规矩礼数的约束而有了更大的发挥空间，能够运用多姿多彩的间色调，丰富发展了汉服的服饰色彩艺术。

62 该图并非文物复原，仅做周制婚礼的婚服示意参考。作者：兼葭从风，出处：天汉民族文化网"汉民族传统服饰•礼仪•节日复兴计划"（2006年）。
63 玄纁色示意图。作者：兼葭从风，出处：天汉民族文化网"汉民族传统服饰•礼仪•节日复兴计划"（2006年）。

三、中和淡雅

作为混合色的间色，明暗搭配得体，形成中和淡雅的品格，才是汉服配色艺术的表现。相比于现代社会多以物理性质的色谱来区分颜色，中国古人对颜色的认知主要来自对自然界事物的观察和感受。五正色来自对世界主要物质的感受，各种中和色来自对具体事物的审美提炼，如藤黄、胭脂红、琥珀色等，颜色名称就告知了我们这是对自然物的艺术化描摹。所以，汉服的颜色有生命，有意境，有情趣，也自然就有了审美的品格。

汉服的古典美需要发挥中和色的搭配。大礼服中运用的正色调，如赤罗袍的赤色青缘，尽显汉官威仪；但若用在常服中，没有了礼服的气宇轩昂，反而会显得俗气。且常服更多的时候要体现的是富有哲学意味的中和之美、淡雅之趣，所以高纯度的正色调不能多用的，而要以雅致娇嫩的中和色调为主（即间色调）。

汉服的色彩以低纯度为主，也更能表达耐人寻味的含蓄。色彩的纯度，即饱和度，色彩越强纯度就越高，色彩越弱纯度也就越低。如嫣红色、藕荷色、琥珀色、秋香色、月白色、霜色、茶色等都是低纯度的色调，更为适宜常服的主色调。《红楼梦·第三十五回》记载了一段话：

莺儿道："汗巾子是什么颜色的？"宝玉道："大红的。"莺儿道："大红的须是黑络子才好看的，或是石青的才压得住颜色。"宝玉道："松花色配什么？"莺儿道："松花配桃红。"宝玉笑道："这才娇艳。再要雅淡之中带些娇艳。"莺儿道："葱绿柳黄是我最爱的。"宝玉道："也罢了，也打一条桃红，再打一条葱绿。"莺儿道："什么花样呢？"宝玉道："共有几样花样？"莺儿道："一炷香、朝天凳、象眼块、方胜、连环、梅花、柳叶。"宝玉道："前儿你替三姑娘打的那花样是什么？"莺儿道："那是攒心梅花。"宝玉道："就是那样好。"一面说，一面叫袭人刚拿了线来。

这段话非常生动的记述了古人搭配颜色的观念。文中出现的石青色、松花色、桃红色、葱绿、柳黄都不是纯度很高的色彩，这便搭配出淡雅中又不失娇艳的意趣了。我们看古代的人物画，唐代画家张萱的《捣练图》是一幅工笔重设色画，表现的贵族妇女捣练缝衣的画面，对那个时代的服饰非常写实，对色彩的运用也工丽而生动。

里面的几位女子穿的服饰，有杨妃色、水色、牙色、肉桂色等几种主要色调，采用的都是中和色。也有天蓝色、丹红色的裙子、披帛等，与中和色配合，显得很鲜明。

低纯度的中和色可以抵消正色可能带来的俗气，塑造出参差错落的对

（唐）张萱《捣练图》（局部）

照。如张萱所绘《虢国夫人游春图》中的虢国夫人（唐玄宗宠妃杨玉环的三姐），

穿淡青色窄袖上襦，牙白色披帛，搭配大红色底金花下裙，这一身搭配有华丽盛装的意味，且上衣的中和色彩冲淡了红色裙子可能带来的艳丽，所以鲜艳中又增添了几分雅致。

《虢国夫人游春图》（唐代画家张萱作品，原作已佚，现存宋徽宗摹本）

汉服的配色，既有礼制的秩序，又有古人对自然万物的体认。今人重新认识汉服的色彩，按照已经西方化的审美搭配出不乏美感的作品，虽然也无可厚非，但是从继承和创新的角度上来说，对传统审美的认知是不可缺少的功课，这牵涉到重新塑造国人审美的问题。垂绅正笏的端庄威仪，自然大方的流光溢彩，温婉多情的淡妆浓抹，都是汉服自己的美感，中华文化自有的品格。把古今的色彩勾连起来，加强对传统色谱的研究，才能如古月照今人一般，风格浑然、灵魂相通，让汉服流露出华夏气质。

季节的转换，女郎们用衣裙之色来表现。比如麹尘色之衣裙，在春日穿着，去采桑养蚕。春日桃花、李花开了，女郎换上红、白色衣裙；夏日石榴花开，穿石榴裙。秋日穿菊花色衣，冬日穿红梅白梅色衣等等。像《红楼梦》里写到，黛玉"茜裙偷傍桃花立"，桃花开了，她就换上茜红色的桃花一般的裙子。这是美好的用色法，富于诗意，今天也可以继承，表达中华用色的气韵。

拓展阅读：《释名·释彩帛》（节选）

文：（东汉）刘熙[64]

青，生也，象物生时色也。

赤，赫也，太阳之色也。

黄，晃也，犹晃晃，象日光色也。

白，启也，如冰启时色也。

黑，晦也，如晦暝时色也。

绛，工也，染之难得色，以得色为工也。

紫，疵也，非正色，五色之疵瑕以惑人者也。

---

64 刘熙，东汉末年人，或称刘熹，字成国，北海（今山东昌乐）人。东汉经学家、训诂学家。他所著的《释名》是我国重要的训诂著作。

红，绛也，白色之似绛者也。

绌，桑也，如桑叶初生之色也。

绿，浏也，荆泉之水于上视之浏然，绿色此似之也。

缥，犹漂漂，浅青色也。有碧缥，有天缥，有骨缥，各以其色所象言之也。

缁，滓也，泥之黑者曰滓，此色然也。

皂，早也，日未出时，早起视物皆黑，此色如之也。

资源链接

现代研究

（1）邹加勉、蓉煜、崔进山：《中国传统服饰图案与配色》，大连理工大学出版社，2010 年

（2）刘君：《唐宋服饰纹样审美比较》，《丝绸》2005（5）

（3）梁惠娥、郑清璇：《唐代服饰上宝花纹的艺术形式探析》，《服饰导刊》2014（4）

（4）董光鹏：《浅议明代服饰的吉祥寓意》，《新西部（理论版）》2013（12）

（5）彭德：《中华五色》，江苏美术出版社，2008 年

（6）鸿洋：《中国传统色彩图鉴》，东方出版社，2010 年

（7）马大勇：《霞衣蝉带：中国女子的古典衣裙》，重庆大学出版社，2011 年

第五篇 青春华裳

 **第十章 汉服社团**

汉服复兴，充满了青春的气息。这不仅体现在汉服复兴背后所体现的民族活力，更直接体现在汉服运动的主体是青少年。校园是汉服复兴的重要阵地，汉服社团是校园汉服活动的重要渠道。本章以"汉服小怪兽建社系列"为蓝本，为校园汉服社团建设提供参考、借鉴。

社团创建与品牌打造 [65]

文：汉服小怪兽传媒工作室

北京师范大学珠海分校南嘉汉服社（以下称"南嘉汉服社"）在 2012 年 9 月创建。2015 年，当初创办南嘉汉服社的小伙伴们又成立了汉服小怪兽传媒工作室（以下称简称"汉服小怪兽"或"小怪兽"），以多媒体的形式继续弘扬汉服文化，其中"汉服小怪兽建社系列"深受朋友们的欢迎，特此整理，与大家分享。

甲、如何创建汉服社团

好的开始是成功的一半，小怪兽以南嘉汉服社的建立为例，简单讲解一下普通流程和所需要准备的事项。建立社团流程一般是发起组织——申请建立——答辩——通过。我们就从这四个方面展开。

一、发起组织

在这个阶段，核心在于人——就是我们的同袍。以北京师范大学珠海分校南嘉汉服社为例，当时学校要求创立人有 10 个，这 10 个人都要填一份表格并且找辅导员盖章，严格走程序的话还要提供成绩单。我们当时是在学校贴吧、百度汉服吧、QQ 群……各种渠道"勾搭"出人来。各位同袍可以看看你们各自的学校是如何要求的。

把这些同袍和潜在同袍"勾搭"出来，或者好友"安利"出来，就开始讨论创社吧！首先需要确定三大问题：社团叫什么名字；宗旨是什么，是个怎样的社团；这个社团要做些什么。

1. 社团名称。命名不建议直接叫××大学汉服社！请先百度下各地汉服

---

65 本文最初发表于"汉服小怪兽"微博，后发表于百度汉服吧，收入本书时进行了修订。

社团名录，看看别人用过哪些名字，别起重了，也能分析出大家的取名爱好。本着取名"女诗经，男楚辞"的原则，如果想生个女孩子就从诗经取吧！南嘉汉服社的"南嘉"二字就是取自《诗经》中的"南有嘉鱼"。

2. 宗旨和社团定义。南嘉汉服社的宗旨直接用了"华夏复兴，衣冠先行"，定义为一个以汉服为载体传播汉文化的学术性社团。这个是达成共识的东西，确定了社团的目标与精神。

3. 这个社团做什么。可以头脑风暴想一下社团该做些什么。比如举办汉服讲座来普及汉服，让同学们穿上汉服体验，开设汉礼课等等。社团活动内容将在后面着重讲解。

而后的这个阶段，就需要确认将来社团的部门构成了。以南嘉汉服社为例，社团大体构成如下：

社长：1 名，负责统筹社团发展。

副社长：2—3 名，分别负责对内、对外、学术事项。

吏部：部长 1 名，即人事部。负责社团内部通知、考勤、活动人员安排等人事调动。

户部：即财务部，部长 1 名。负责社团财务管理，报销等。

礼部：部长 2 名，负责社团平时排练演出。院长 1 名，礼部下设书院，负责学术部分，社团课程的开设。书院下又可分控弦司、古琴班等。

兵部：即策划部，部长 1 名。负责活动策划。

刑部：部长 1 名，负责社团物资采购、存放，如汉服保管租借等，会议记录，社团历史资料保存等。

工部：即宣传部，部长 1 名，负责社团活动摄影摄像、微博微信和对外宣传。

各部门干事：若干。每个部门招收的人数不一，但成为干事的前提必须是会员，但一般来说，礼部的名气会比较大，报名和招收的人数比较多。

会员：一般来说，缴纳会费（20 元 /4 年）就可以成为会员。这是普通的大众社团的建立方式，一般来说招的人越多越好，会费也是最直接的资金来源方式。如果要做一个很精炼的社团，就需要考核、淘汰，以及限制人数等。南嘉汉服社觉得把汉服社团做大对汉服宣传是很有好处的，所以选择的是一般版本社团。建社第一年选择不收会费，招到了 150 人左右。

以上是北京师范大学珠海分校南嘉汉服社社团构成，略有出入，仅供参考。具体的部门细节划分还是要因社团而异，比如说这个版本就没有外联部！但是这个架构经过实践检验，效果还不错。总之，在大框架下，具体的内容可以自行商量调整。

另外还需要一个社团的指导老师。可以在学校里找班主任、任课教师、辅导员，或同袍老师等。南嘉最早的指导老师就是一位同袍。在社团成立之前，她已经穿着汉服，成为传说中学校里那个"天天穿汉服的老师"。得力的指导老师能提供很大的支持，比如说跑跑关系，介绍学校的办事流程，为大家出主意、提供汉服、找场地……对于一进校就创社的人来说，这些帮助其实是很棒的。没有这样的同袍老师怎么办？那就找一个愿意帮助你的老师，请他挂名就好。本来作为大学社团，独立性就比较强。

二、申请建立

完成上述思路后，同袍们就可以开始齐心协力准备申请材料了，即第二环节——申请建立。在北京师范大学珠海分校，申请社团不仅需要申请人的个人资料，还需要一系列的关于社团的资料。一般来说，首先是基本的社团信息，需要写清楚这是一个什么样的社团、性质、创立的目的和意义。另外学校可能需要新社团的章程。大家可以网上搜索相关资料为参考，如《汉服社申请书模板》《南嘉汉服社章程》《汉服社三年发展规划》、汉服社答辩PPT，以及北京师范大学珠海分校创建社团成立申请的材料包等。

三、答辩

接下来是答辩环节。（视情况而定，有些学校可能不需要答辩。）这一环节，一般来说三人左右参加即可，目的是向老师、社联人员介绍社团。建议穿汉服去答辩，让老师们对汉服有一个直观的印象，而且这样的形式往往能够留下深刻的印象。这部分分为简介社团环节和答辩环节。答辩者需要保持冷静和温和，面带微笑，无论别人问的问题有多"小白"，如"你们穿这个不热吗？"还是多尖锐，如"已经有国学社了，他们做的也是传播传统文化啊，为什么还要多成立汉服社？"都要淡定，因为不了解汉服的人也有很多，保持谦和有礼的态度，给评审留下一个好的印象。网络资源有南嘉汉服社2012年的"汉服答辩PPT"。

答辩加分项有：汉服衣着得体+1；汉礼+1；有一个能讲的人+5；礼貌+1；化妆+1；有理有据+2。

社团成立答辩现场（汉服小怪兽 供图）

四、通过

接下来就是安心等待结果。通不过的话可能需要二辩。通不过一定要去找原因：自己、学校政策、老师，还是社联？务必对症下药，多联系老师也是很重要的。有的学校需要社团试运营，可能是一个月，也有可能是一年。短期的话，可能需要吸引眼球的一些活动，要快要精，要能迅速吸引到人招到会员；长期如一年的话，按照之前的前期设想去运行就可以了。

乙、打造社团独有品牌

打造一个有品牌价值的汉服社！品牌是什么？品牌就是普通老鼠和米老鼠的区别，是普通河流与长江黄河的区别。我们要打造的社团不是一个普通而随意的某某大学汉服社，而是一个有内涵、有口碑、有传承的品牌汉服社。社团不是一口气建成的，需要慢慢筑基。"凡事预则立，不预则废。"做社团之初，就要有一个思路。要想建好一个社团，做出一个品牌汉服社，精品的社团，必须要有品牌意识。

对于品牌建设，要引入 CI 概念。CI 原本是指企业识别系统，也可以很好地运用到社团中。CI 主要包括三大方面 MI、VI、BI，分别是指理念识别、视觉识别、行为识别。在社团建立初期，能够将这三方面做好，已经非常了不起。

一、理念识别（MI）

首先是理念识别。社团要有共同的信仰，核心即要求社团内部对于某些问题（尤其是关于汉服）达成统一的观点，形成自己特定的理念。这样的好处是要和其他同类社团进行区分，比如有些学校已经有了国学社等，都是弘扬传统文化的，总要有所区别吧？

1. 社团使命

这个时候就可以适当地喊口号了！"华夏复兴，衣冠先行""始于衣冠，博于达远"，这些平时嘴里念叨的，关键时刻要给它一个位置。应用到实践中，比如南嘉汉服社的品牌理念就是"华夏复兴，衣冠先行"。具体释义："南有嘉鱼，是为南嘉"，北师珠南嘉汉服社是一个以汉服为载体、宣传汉文化的学术性社团。南嘉秉承着"华夏复兴，衣冠先行"的理念推动汉服的生活化。

2. 运行理念

（1）社团最根本的是什么？

一个社团最根本的目的不是为了把社团建设得人数有多么多，也不是为了赢得许许多多的荣誉，也不只是为了给学校增光添彩，而是"以人为本"——为了每个参加社团的人在这几年大家一起"玩"的过程中学到些什么，得到发展、有所收获。让个人得到发展是一个社团最本质的使命。学校社团都是"铁打的营盘，流水的兵"，人员变动很快，所以在南嘉汉服社运行的过程中，以这个社团独有的文化和信念作为传承，也是这个社团之所以成为"这个社团"的原因。

（2）社团战略

社团规划：每一年（每一学期）的活动需要大体有个规划，心里有底。演出要接几场，什么样档次的邀请才接？哪些社团是我们的友情社团，我们能联合在一起做些什么？未来我们的方向是偏重学术还是偏重实践？还有，要获得"五星级社团"的称号，需要做些什么？学校评比的单子上有：新闻曝光率、活动影响力、社团社交媒体活跃度、在学校的知名度等等。可以找社团联合会（学校专门管社团的组织）的人问问往年的评选细节，对号入座，在这一年计划开始的时候，就把它们考虑进去。

人才培养：对普通会员进行的兴趣选修课，如：汉舞课、汉弓课、古琴课、刺绣课等。对干事进行技能培训，如在每周例会前进行技能分享展示，又或由指定的部长负责某个干事进行定点培养等。对于干事进行考核和奖励，干事升级成为部长需要通过笔试加上平时的考核。部长升级为社长需要进行演讲竞选，全员投票等。

  3. 行为规范

  社团章程有点像基本法律，规定了哪些是能做的，哪些是不能做的。而具体落实的行为规范则有点像道德约束。比如说，穿汉服上楼梯记得提裙子，穿着汉服不要说脏话，梳好头发再出门不要披头散发等等。社团发展中需要给社员普及这些基本的行为规范，不然很有可能招黑。

二、视觉识别（VI）

  社团要做出个样子，终究还是要别人能看到的，所以视觉识别尤为重要。哪怕只是一个简单的LOGO，都能让你的社团瞬间提升一个档次。LOGO的用处实在是太多了，比如南嘉的LOGO：

社团logo（北师珠南嘉汉服社 供图）

  有了这个LOGO后，就可以运用到如下场合：

社团明信片背面（北师珠南嘉汉服社 供图）

社团PPT（北师珠南嘉汉服社 供图）

为了跟大家证明本怪和姐姐的确是亲生的，那么就给你们看看本怪的日常吧。自从有了 LOGO，本怪突然变得形象化、立体化了。本怪的 B 站头像、本怪的贴吧头像、本怪的微信公众号，是不是一看就知道汉服小怪兽出品？

汉服小怪兽微博（汉服小怪兽 供图）

要想社团高大上，LOGO 不能少。快去抱你们团队中设计师的大腿，让他为社团设计一个优雅的 LOGO 吧！如果建社太匆忙，或是没有找到会 PS 的人，可以先用印章代替，百度搜索"印章在线生成""印章在线制作"等，是很好用的速成法。不过为了长远计，之后还是要自己独立做一个。

VI 中还包括：标准字、标准色、组合图案、吉祥物等等。标准字：比如一个 PPT 中统一的字体是什么，LOGO 下面的字是什么字体。标准色：社团的主色调是什么，辅助色是哪几种，以后配色就大体用这个。组合图案：对 LOGO 进行变形和延伸，可用于社团 PPT、社团礼物外包装等。吉祥物：以后可以做玩偶做社团纪念品都可以。

小怪兽礼物盒（汉服小怪兽 供图）

LOGO 设计可以根据社团名字，理念，地域等等。这里建议大家搜索一下已有社团的 LOGO 图，以供借鉴参考，并避免重复。LOGO 设计千万要慎重！

三、行为识别（BI）

再然后就是行为识别了。如何让别人一眼就能识别出这是你们汉服社？当然是穿汉服啊！在行为上，汉服社就坚持一个原则：凡有活动，必穿汉服。如果不怕太招摇，不仅仅是社团活动，其他时候的活动也可以穿汉服表明身份。比如说：

社团聚会（汉服小怪兽 供图）

食堂聚餐（北师珠南嘉汉服社 供图）

这样的好处就是：在社团成立初期可以在小范围内怒刷存在感。哪怕只是朋友们出去聚会吃个饭，别人也会说：呀，汉服社又有活动啦？他们活动可真多啊！

再比如，南嘉的周四早晨丽泽湖畔的晨读，周日下午的古琴课，这样路过的小伙伴们就会说：哦！汉服社的常规活动。

讲完CI系统，还有一些需要注意的细节。发展社团也应从细节处着手，将事情落到实处。比如一场活动办下来，把地上的每一片垃圾带走；开完会后，帮所有人检查一下东西有没有遗漏；登记大家的生日，共享在群文件，并在那天提醒大家，为其送上祝福；社长们每人一件礼物为最佳干事送上年终大奖；为军训的汉服社新生送水送西瓜等等。一个良好品牌的塑造，离不开对每一个细节处的琢磨。汉服社的发展，也是大家之间交流互动、友情的发展，以人为本，将心比心，这样的社团才是一个充满人情味的有意义的汉服社吧。

社团招牌活动

文：汉服小怪兽传媒工作室

社团要想办起来，招牌活动必不可少。通常以传统节日活动为主，辅之以一些拓展性的活动。上学期适合做活动的节日主要有中秋节、重阳节和冬至节，下学期则主要是元宵节、花朝节、清明节、端午节等。

甲、秋冬节令

这里我们主要谈如何借助传统节日来多角度办活动，既正统又不乏趣味。国内大学的每学年都是从九月开始，我们首先从秋冬季节的节日说起。

一、中秋节

开学后很快就到传统的中秋佳节了，中秋节如何优雅地办活动呢？

（一）吃月饼

关于吃，可以办的活动可太多了。有条件的社团可以给社员们发发福利，每人送个月饼什么的。钱不够的话也可以办办关于月饼的活动，比如——

1. "学术研讨会"

可以办个关于考证"五仁月饼"来龙去脉的学术研讨会，这就是很好的活动。既紧跟时代的潮流，又能体现社团浓浓的学术风，力求让传统文化焕发出时代的光芒！

趣味课堂现场（北师珠南嘉汉服社 供图）

2. 趣味课堂

如果不喜欢太严肃的气氛，也可以开展一些关于月饼的趣味课堂，比如教教大家"穿汉服如何优雅地吃月饼"，这就是一个不错的选题。虽然汉服小怪兽工作室曾经提供过关于"穿汉服如何优雅地吃粽子"的网络视频教学，但是值得注意的是，与网络课堂不同，线下活动注重的是"用户体验"和气氛，力求让参加活动的小伙伴有一种沉浸式的体验。

（二）赏月

赏月这种活动，可俗可雅，就看要怎么办了。如果只是约一群人出来看月亮的话，估计也没什么好看的。所以还是要注重内容与形式，接下来给大家几个比较好玩的建议。

1、对酒吟诗

对酒吟诗是个不错的选择，不能喝酒的同袍们亦可以茶代酒，组织一群小伙伴们出来，找块平台，铺上台布，带上点心和茶酒，玩玩古诗接龙，或者轮流念念关于中秋、月亮等主题的古诗词，妙哉妙哉。

月饼与果品（北师珠南嘉汉服社 供图）

2、占花名

占花名（北师珠南嘉汉服社 供图）

手工制作的小灯笼（北师珠南嘉汉服社 供图）

占花名是个好玩的东西，详情可参考中国文学巨作巅峰《红楼梦》。先准备道具，如果经济条件允许，可以买一个占花令或行酒令的酒筹，大概两百元。然后具体怎么玩儿就看大家的了，可以行酒令，也可以用来对诗。通俗游戏是抽花签，取最后一个字，接龙，接不下去的则输了。行酒令的话，上面有指示，按照上面的提示喝喝喝就好了，这一项可以结合聚餐来设计。

3、游园会

如果不想一群人围在一起聊天赏月，游园也是个不错的选择。大家可以穿上美丽的汉服，打个漂亮的灯笼（前期也可以组织做手工花灯玩），一群出门逛园子去。当然，前提是你们学校附近有可逛的园子。因为南嘉汉服社所在的学校又大又漂亮，所以社团的活动基本不需要出远门。如果有个湖什么的就更好啦，还可以放放许愿灯什么的。（温馨提示：放完了记得回收，以免造成环境污染。）也可以组织中秋拜月活动、猜灯谜活动。

放河灯（北师珠南嘉汉服社 供图）

4、摄影活动

中秋最漂亮的当属月亮，有兴趣的同袍们可以组织关于中秋月亮的摄影活动。晚上拍照建议带脚架，还可以玩光绘！关于光绘可参照网上教程。

二、重阳节

夏历九月最重要的节日是重阳节。重阳节又称重九节、晒秋节、"踏秋"，中华民族传统节日。庆祝重阳节一般会包括出游赏秋、登高远眺、观赏菊花、遍插茱萸、吃重阳糕、饮菊花酒等活动。

重阳节很多传统习俗都是在户外举办，所以大家方便的话可以组织出游，爬爬山，或者是当地有名的高楼什么的，去看看。秋天的话，赏菊也是不错的选择。说来说去，其实重阳节是一个适合出去"浪"的节日。

三、冬至日

临近年底比较重要的节日就是冬至了。南北方有不一样的习俗，比如北方在立冬的时候是吃饺子，而南方是吃汤圆。不过无论怎么说，我堂堂"大种花家"也是个美食大国，总是离不开一个"吃"字。大学是个大熔炉，通常情况下南北方的孩子都有，所以就汤圆、饺子一起来吧！

1、包饺子

鉴于包汤圆实在是有点难度，所以还请南方的小伙伴们见谅。社团可以组织会员一起出来包饺子。毕竟有人说过，这中国人的感情只有天天在一起吃才能培养出来。一群人围在一起，分工合作，其乐融融。地点一般是在学校联系一些餐馆、食堂，通过付费的方式"借用"一下人家的地盘，大家开心就好。

包饺子（北师珠南嘉汉服社 供图）

2、填九九消寒图

九九消寒图，中国传统岁时风俗。它一共有九九八十一个单位，所以才叫做"九九消寒图"。从冬至那天算起，以九天作一单元，连数九个九天，到九九共八十一天，冬天就过去了。大家可以从网上下载一个线稿来填，有文字版本的和图片版本的。我们作活动不可能填81天，只能一人填上几笔图个意趣罢了。

3、汉服体验日

冬至是穿汉服的好时候，也是向同学们推广汉服的好时机。我们可以在学校设点摆摊，挂几件汉服出来，提供试穿和拍照服务，让普通的同学也能够穿上汉服拍照留念。可以结合填九九消寒图、占花名、投壶等游戏增强趣味性。社团也应该给会

汉服体验日（北师珠南嘉汉服社 供图）

员提供福利，比如给会员做发型，对其进行摆拍动作指导，送冬至纪念书签（也可以免费派给非会员的同学们）。还可以给来摊位试穿汉服的同学拍照，收集好姓名、手机号、邮箱地址、相机里的照片编号等信息，活动结束后再通过邮

箱发给他们。

再往下数，比较传统的节日就到了腊八了。但是鉴于这个时候，好多学校都已经放寒假或者是到了期末，所以一般就不再举办集体活动了。不过，汉服复兴不能局限于校园，而是要走进日常生活。寒假回家，穿着汉服过年，也是很好的选择。

乙、春夏时节

春节过后，新学期马上要开学了。元宵往往是开学后的头等节日，这时候新年气息尚未褪去，可以趁着元宵给同学们一个新年新希冀。三月三，草长莺飞，柳绿花繁，花朝节也是一个值得学手艺的好时候。此外还有清明踏青、端午祭祀……

穿汉服过新年（汉服小怪兽 供图）

一、元宵节

元宵节是中国的情人节，我们可以办哪些有趣的活动呢？

（一）猜灯谜

猜灯谜这种活动真是太典型了，也很好办。收集好灯谜，写在一些漂亮的红纸上，在学校里方便的地方找两棵树，中间拉条绳子，把准备好的灯谜全都挂上去，可以请来往的朋友们将猜出的灯谜拿下。有条件的社团可以准备一些小的礼品，送给猜出灯谜的朋友们。这可是一个彰显社团活力的好机会。

猜灯谜（北师珠南嘉汉服社 供图）

汉服社团

（二）玩花灯

白天猜灯谜，晚上玩花灯。其实关于玩花灯的活动在中秋节的活动中我们也有涉及过。值得一提的是，这个的活动的划算之处在于——我们买一次花灯可以从中秋用到元宵。

花灯（北师珠南嘉汉服社 供图）

元宵节活动具体策划可以网上搜索《北京师范大学珠海分校灯会策划书》。

二、花朝节

（一）许愿

这是小怪兽最喜欢的活动了！社团可以准备一些漂亮的花签，让走过路过的小伙伴们把自己的心愿写在花签纸上，然后挂在树上。

（二）卖簪子

每年花朝节前夕，南嘉汉服社都会手工制作一些漂亮的簪子，等到花朝节拿到学校

花朝活动现场（北师珠南嘉汉服社 供图）

集市去卖。据说每年都卖得不错！有时候也不仅是簪子，像中国风的耳钉、首饰等，也值得鼓励。这能挣钱的节日可真是不多，对社团而言也是一个减轻经

花签（北师珠南嘉汉服社 供图）

卖簪子的摊位（北师珠南嘉汉服社 供图）

济压力的机会。

三、清明节

（一）踏青

清明节最佳活动当然要数踏青了！建议踏青的时候，带上桌布、吃的、喝的，找一片漂亮的草地，和小伙伴们穿上美美的汉服围在一起野餐，感觉非常棒！

（二）放风筝

"儿童放学归来早，忙趁东风放纸鸢。"社团可以组织大家手工做一些风筝，或者画一些自己喜欢的风筝，然后一起出去放风筝去。要提醒的是，这样的活动穿齐胸就不太方便，也会限制活动。所以建议穿短打、褙子等。

四、端午节

（一）吃粽子

端午节最令人难忘的回忆，就是吃粽子！建议大家聚在一起，一边看网上的《穿汉服如何优雅地吃粽子》教程，一边开展"甜咸粽子大战"，一边吃吃吃！

吃粽子（汉服小怪兽 供图）

（二）祭祀

言归正传，其实端午节最重要的事情是祭祀。端午节活动具体策划可以网上搜索南嘉汉服社的《端午节活动及祭祀策划书》。

（三）娱乐

一般来说，祭祀结束后会有一些娱乐的活动让大家放松一下心情。例如斗草。这个游戏很简单，大家各自选取自己心目中最坚韧的草，然后通过互相拉扯来比赛看谁的草更加壮实。还有斗蛋，你需要买鸡蛋，角逐出"蛋王"。就是两个鸡蛋磕在一起，看谁的最先碎掉。还有系五彩绳，点雄黄等。

端午活动现场（北师珠南嘉汉服社 供图）

丙、活动拓展

有节日一定要办活动，没有节日——创造节日也要办活动！毕竟节日不多而活动不能停啊！

一、晨读

作为一个学术性社团，不读书怎么行呢？南嘉汉服社每周四早晨7:00都会组织会员在湖边晨读半个小时（视实际情况而定），内容以《论语》或者《四书》为主，最好能够穿汉服，彰显传统文化。晨读能体现一个社团的坚毅的品格。风雨无阻，下雨就在湖对面的食堂走廊上读，一起读书也是一种氛围感染所在。在结束的时候记得相互行礼离开。（汉礼活学活用）

丽泽湖畔的晨读
（北师珠南嘉汉服社 供图）

华
夏
有
衣

走
进
汉
服
文
化

二、汉服外拍

汉服外拍主要是针对社团会员的一项福利活动，选天气好的日子组织。一般需要提前报名，由内部人员统计名单，联系摄影师，提供服装，并且负责化妆、造型等事务，组织集体性的外拍。

因为许多人加入汉服社是被这些美丽的衣服所吸引，所以这项活动每年报名都非常火爆，毕竟工作人员和服装都有限！记得带上点道具，带上动作指导，提前一天踩点，人数不要太多等一系列注意事项。

校园外拍（北师珠南嘉汉服社 供图）

三、汉服日

晨读一般搭配汉服日来一起做。我们同样选择了周四。汉服日主要是针对社团内部人员，是汉服生活化的一部分，可以每周定某一天为汉服日，这一天大家不论是学习还是参加什么活动都身着汉服（不过不强求每个人都要穿，社团只是提倡周四这天大家一起穿汉服）。这样到了每周的那一天，汉服社都会成为校园里一道亮丽的风景线，简直就是活广告！

下课间隙（北师珠南嘉汉服社 供图）

四、汉服体验日

这一活动在前面冬至日部分已有介绍。主要为对外开放，选出几套汉服让同学们去体验汉服的美丽。工作人员提供摄影服务，并且进行登记，然后再将照片发送给相应的同学。举办"汉服体验日"可是个累人的活动，但是对于对外宣传是个非常棒的办法。

试穿汉服的电瓶车大叔（北师珠南嘉汉服社 供图）

五、成人礼

为社员做冠礼或笄礼，用华夏的方式成长，寓意着他们将以不同的方式承担起对社会对家庭的责任。因为这项活动实施起来非常烦琐，参与人数又有限，所以算是成本非常高的一项活动。举办过程可以参看相关教程，例如网上南嘉汉服社的"《初长成》南嘉汉服社乙未年希白成人礼"视频。

成人礼现场（北师珠南嘉汉服社 供图）

華夏有衣

走进汉服文化

我们的汉服课堂

文：汉服小怪兽传媒工作室

建设好社团的品牌后，如何进一步提升呢？很多学校提供学生上台讲课的机会，在北京师范大学珠海分校就有"学生自主发展课堂"，学生可以通过参与不同的课堂获取相应的学分。开设课堂不仅能挑战一个社团的学术能力，也能给社团带来口耳相传的名声。一旦名声在外，也会对社团的社会地位有所影响。汉服社可以社团的名义，开设一系列的课堂学习，既能帮助大家学习中国传统文化，又能增强社团凝聚力。汉服可以延伸的内容有很多，在不同的环境下，课堂可以根据具体情况改成沙龙、讲台、专题讲座等，或者大家一起玩。

甲、汉舞课

这里首先介绍南嘉汉服社的汉舞课堂，以及课堂作品在招新中发挥的作用。汉舞课的开设有两个目的：一是为广大汉服、舞蹈爱好者提供交流平台；二是为社团排练节目。

一、定义

"汉舞班"，我们可以理解为"汉服舞蹈""汉族舞蹈的古典舞"，我们因爱好汉服走到一起，以汉服为载体宣传汉文化。

二、服装

可以穿宽松或者适身的 T 恤和运动裤或者练功裤，一定要求穿基训的猫爪鞋。在南嘉汉服社的汉舞课，穿牛仔裤、丝袜、裙子，都会被老师批评的。

三、基础热身

首先，是每堂课 40 分钟的热身，简单地放松全身，活动脚踝、扭扭腰，"左三圈右三圈"，这些可以参考初中体育课老师所教。主要是把杆和地面上的训

汉舞课着装（北师珠南嘉汉服社 供图）

练。在专业的古典舞中，基训的内容很多，那我们就选取最基本的，既可以强身健体又可以陶冶情操。这里建议大家看北京舞蹈学院古典舞的教学视频。

1. 在把杆上我们做什么：压腿、踢腿、开肩、甩腰。

2. 在地面上我们做什么：压脚背、提沉训练。脚背不用多说，喜欢舞蹈的同袍一定知道漂亮的脚背会让舞姿看起来很美。提沉是古典舞的一种呼吸方法，说说我的方法。除了看视频解说，练习的时候按住自己的脊椎骨，想象成多米诺效应，提的时候，从最下面的一节脊椎往上按，手每按到一处，就感觉脊椎骨挺直。具体可以参照网络专业舞蹈训练教程。不要小看提沉，古典舞的呼吸很重要，每一次呼吸都带动肢体语言。慢慢体会不着急！如果基础训练的方法不当，容易导致受伤，所以第一节课请老师一定要详细讲解，比如压腿时动力腿要外开，不要驼背等等。

汉舞课现场（北师珠南嘉汉服社 供图）

四、课程主体设置

接下来就是课程最主要的部分，汉舞班每一期的课时其实很少，去掉节假日和期中期末考试，有时社团接了活动还得取消，最多也就12节课。我们可以：

1. 教一个知识点。手型、脚位、翻转组合等等。这个对老师的要求比较高，必须要有舞蹈基础。有能力的同袍可以试试！

2. 进行舞蹈鉴赏。以作品《桃夭》为例，大家可以联系《桃夭》原文讨论舞蹈所表达的情感和背景，猜猜有哪些主题动作最能体现待嫁少女的羞涩，还可以适当地学习其中一些片段呢！老师也可以讲解《诗经·桃夭》，不仅学习舞蹈还学习其背后的文化。优秀的作品有

教学展示（汉服小怪兽 供图）

很多，想看大神级别的可以搬起板凳看"桃李杯""舞蹈世界"。有些同袍会说到中国好舞蹈、中美舞林争霸之类的，但是纯正的古典舞在这两个平台上是少之又少，即使有古典舞的元素，也会掺杂很多现当代舞的创作理念。

舞蹈《桃夭》（汉服小怪兽 供图）

3. 排演本社团的节目。就拿南嘉汉服社的《采薇》来说，从选角、排练、定服装、演出，从 2014 年 6 月到 10 月，前前后后折腾了 4 个多月，汉舞班的课时已经不能满足排《采薇》了。如果距离节目演出时间还有一个月，那么可控的时间比较多，也可以分开每节课学习，遇到知识点也可以穿插。

舞蹈《采薇》（北师珠南嘉汉服社 供图）

五、舞蹈游戏和活动

在课堂的结尾，可以稍微做个总结。毕竟是社团活动，吃喝玩乐还是少不了的。人性化地维护设团，让社团成为一个温暖的家才是正道！经过辛苦的舞蹈排练，大家可以围坐一起，互相分享心得，讲讲社团的囧事也是可以的哦！至于舞蹈游戏，可以把击鼓传花改成击鼓传舞，检验一下学习成果。

汉服社团

汉舞课堂就介绍到这里。这里有一点寄语：舞蹈是需要用心去体会的，尤其是古典舞，每一个起范都有内涵，都有情绪，所以不要一味地模仿动作。音乐和舞蹈不分家，每一次学习动作都要用心体会音符的感情，由心出发用自己的肢体去表达出来。这对有些人难度较大，但是尝试一下：把喜欢的舞蹈配乐转成 MP3，放在手机里，每天睡觉前听一遍，慢慢地学，效率就会更高。

乙、礼仪课

汉礼指汉民族的礼仪，传统的汉族礼仪一般包括五大礼仪：吉礼、凶礼、军礼、宾礼、嘉礼。通过汉礼课，我们可以对中国五礼有基本的整体认识，目前汉服社团主要以学生党为主，所以汉礼的实践课主要在常礼、成人礼、祭祀三方面，如果条件允许，可以开发射礼等课程。

一、概述、常礼

1. 传统礼乐文化概述：礼是什么、礼的作用
2. 礼的分类与课程大纲：常礼、五礼
3. 课程礼仪——常礼：行住坐、相见（实践）

中国有礼仪之大，故称夏；有章服之美，谓之华。汉服和汉民族传统礼仪历来是密不可分的依存关系。"穿汉服，行汉礼"，虽说我们不需要天天都作揖，但是作为同袍，知道基本礼仪是非常必需的。而且在汉服社传统的活动上，还要把汉礼实践其中，比如晨读开始之时先互相行礼问好。

第一节课，可以讲概述，这个看课程的时间有多少，如果充裕的话，可以把五礼中容易实践的礼仪都实施一次，这个会在下面会慢慢讲。还有就是把常礼教了，注意不仅是讲解，最好是让同袍们动起来，分开两排对立而站，扮演角色：如果是长辈与晚辈怎么行礼，同辈之间怎么行礼等。这里给上汉礼课的同袍一个建议，在学习完常礼之后，可以规定在往后的课堂中，师生之间行礼，同学之间也行礼，以示尊重。

二、嘉礼

嘉礼是体系最庞杂的一种礼仪，从日常生活到宴请宾友到王位继承，其中以婚礼、冠礼、射礼、飨礼、宴礼、贺庆礼最为重要。

1. 冠礼的流程与意义
2. 笄礼的流程与意义

成人礼是目前汉服社团中做得最多的活动。建议社员们可以用汉礼课来把理论和实践结合起来。实践之前先用两节课来讲解成人礼的理论部分，包括进行成人礼前期的准备工作，比如场地的选取、女子三加所着汉服、赞者三执事等工作人员的分配等。这里推荐汉服小怪兽和南嘉汉服社一起完成的《初长成》女子成人礼，人和道具都很赞！

3. 昏礼观摩（周制、唐制、明制）

这个"观摩"，就是观看视频，当然社团如果有钱、有衣服，能准备所有昏礼的道具，也可以实际演练。如果选择了看视频，老师就要找一些符合又严

谨的昏礼视频，现在网络上有很多婚庆公司所谓的"汉服婚礼"实质是"挂羊头卖狗肉"。除了看视频，大家可以分享自己所了解的周制、唐制和明制昏礼，或者畅想一下以后的昏礼也不错。

4. 射礼观摩

古人在进行一些重大的活动时，常以射箭作为活动中的一项内容，以此体现习武、尚武的风尚。如果社团有条件，那就买买买，买几把弓，带上小伙伴实践起来。这里要提醒的是，弓箭无眼，一定要注意安全，找一个地广人稀的场地，不要误伤路人。

三、五礼之凶礼、军礼、宾礼

1. 凶礼、军礼、宾礼的理论与观摩

凶礼，就是跟凶丧有关的一系列礼节，这方面不仅仅包括丧葬之内容，还有其他一些跟灾难有关的礼节。用于吊慰家国忧患方面的礼仪活动，包括丧葬礼、荒礼、吊礼、恤礼、襘礼等，后多特指丧葬、持服、谥号等礼仪。

军礼，并不是我们想象中解放军们在阅兵时敬的礼，而是国家有关军事方面的礼仪活动。但是如果远一点话你也可以理解为古代的阅兵，都是有一套烦琐的程序。

宾礼，来者为宾。即为邦国间的外交往来及接待宾客的礼仪活动。

2. 流程与意义

凶礼中的丧礼，与人伦日用关系密切，虽然这不是适合举办"活动"的话题，但是了解其中蕴含的中华文明对生死的思考，是我们在轻松愉悦的社团活动之外，进行深刻思考的契机。宾礼中的相见礼，则与我们日常交往关系密切，已在前面的常礼部分加以介绍。其他属于国家层面的礼仪，作为文史常识了解即可。

四、五礼之吉礼

1. 传统五礼中的吉礼中的祭天，祭地，祭祀神祇的礼仪的理论与观摩。
2. 传统五礼中的吉礼中的祭祀先人，祖先礼仪的理论与实践。
3. 吉礼主祭祀，那么因为祭祀是个大问题，预知后事如何，且看稍后分解。

五、礼乐

1. 礼乐的起源和发展：礼乐始自夏商，到周朝初期周公"制礼作乐"形成独有文化体系，后经孔孟等儒者承前启后，聚合前人的精髓创建以礼乐仁义为核心的儒学文化系统，从而得以传承发展至今，是中国古代文明的重要组成部分。

2. 礼乐的构成：其实为两部分，礼为各种礼节规范，乐则为音乐和舞蹈。
3. 礼：周礼作为各级贵族的政治和生活准则，是维护宗法制度必不可少的工具。

4. 乐舞、雅乐：理论与欣赏。
5. 礼乐的重要性："道之以政，齐之以刑，民免而无耻；道之以德，齐之以礼，有耻且格。"

六、祭祀

终于说到祭祀了，祭祀其实属于"吉礼"的一部分，不过这是汉服社团活动的重头戏，所以单列出来。我们以端午节祭祀为例：

1. 背景：搞活动了解其背景是极其重要的。我们不仅仅是在做活动，同时我们的目的是通过活动来弘扬宣传中国优秀的传统文化。端午节为每年农历五月初五，又称端阳节、午日节、五月节等。端午节是中国汉族人民纪念屈原的传统节日，主要是围绕楚国大夫屈原而展开，传播至华夏各地，民俗文化共享，屈原之名人尽皆知，追怀华夏民族的高洁情怀。只有东吴一带的端午节历来纪念传说中五月五日被投入大江的伍子胥。

2. 目的：我们不仅仅是在做活动，同时我们的目的是通过活动来宣传和弘扬中国优秀的传统文化。目的是我们做活动的指引，不能盲目地为了做活动而去做活动。我们的一切活动都是为了达到我们的目的而采取的手段。

3. 主题和口号：为了更好地宣传我们的活动，让更多的人知道我们的活动，就需要一个鲜明的主题和响亮的口号。而在传统节日端午节当天，以祭祀先贤屈原为中心开展多项传统活动就是我们的主题。口号则需根据不同情况来选择更贴切实际的。

4. 活动内容及流程：这是活动是否能办好、是否能够办得优质的核心要件。包括祭祀主流程，以及祭祀结束后的点雄黄、射五毒、系五彩绳、斗百草等。

5. 值得一提的是，经过实际操作，发现五彩绳这个环节最受欢迎。建议多准备些五彩绳，因为确实又实用，又经济，是大家喜闻乐见的一个环节。

6. 射五毒这个环节建议变通处理。

7. 最后，任何活动宣传是重中之重！做的再好没有人知道，这个活动也是失败的。

丙、刺绣课

南嘉的刺绣课主要是学习基础苏绣，学生要掌握苏绣基础的针法，并能灵活运用。然后教教大家做手袋、手绢、书签、贺卡，并且在上面绣花。因为课程设置为 12 节课，每周一次，一次 100 分钟，大家技术有限，所以课程偏向实用型教学。该课程的老师要有一定的基础，有资源的情况下，可以聘请专业老师，效果肯定是不一样的。

一、课前准备

蚕丝线、手绷、绣花针、布料、图样、水溶笔、复写纸、剪刀。

二、基础理论课程

在 12 节的课程里，第一节课可以给大家科普刺绣，以及刺绣上的一些传统，例如什么叫"四大名绣"。还要教大家学习一些刺绣的专业术语，便于后期课程的展开。然后就是教大家如何挑选刺绣必需品：布匹、蚕丝线、手绷、绣花针等。最后就让大家下课后去准备下节课必须的物品了。推荐书目《雪宦绣谱》。

三、实践课程

第一步就要教大家整理绣线。需要取出绣线，捋顺，用剪刀剪断，再编成麻花辫，这样子绣线就不会乱掉。（我知道大家看不懂，所以需要有一定基础的同学才能胜任老师。）

第二步就是劈线了，这真的是一个技术活，我当年教同学们劈线，只能把一根劈到四根。因为我只是业余的啦，所以请专业人士谅解。

第三步便是把自己挑选好的图样复写在布料上。这个步骤需要复写纸、水溶笔、打印好的图样。

第四步便是上绷，然后穿针引线，准备工作就完毕了。

四、基本针法学习

从实际出发，本怪教大家的针法最主要的是齐针、抢针和单套针，然后还有辅助针法滚针、打籽针等。这些基础针法已经足够运用到生活中绣手袋、香囊、手帕、贺卡、书签了。

学生心得：刺绣考验的不仅仅是技巧和耐心，还考验我们的心境，我们的修养，在学习的过程中一点一滴地从内到外改变着一个人的气质。

丁、华夏传统文化略览

这个课堂有点像一个大杂烩，内容不固定，主要看你们的社团的人可以开些什么课，主要在玩些什么。所以它的名字叫作略览，粗略体会华夏文化，起到给大家开个头的作用。这个课谈论的东西也会相对比较自由，上至天文地理，下至汉服漫画无所不谈。这个课程需要很多人的参与，不像之前的课堂由一两个人主导，这个课程更偏向于共同研习，说说你的长处和我的看法。

可参考的课程内容：

1. 汉服漫画。赏析汉服漫画，如《君思故乡明》《朝代拟人》《游园惊梦》等汉风漫画作品，分析剧情和人设，赏析其配色和画风。

2. 汉服影片。播放汉服主题影片，如《汉家昭阳》、汉服小怪兽系列作品，《夏萌》《忠良》《大明宫之太平公主》等等，分析其故事脉络，讨论影片内容，分析精妙之处与不足。

3. 汉服知识课。介绍汉服的名称定义、制式内涵、发展演变、基本款式，加深学员对汉服的了解与认识。

4. 手工课。简介做簪子所需要的材料，制作过程，讲配色与各个部件结构的合理搭配。给每个学员发放一些簪子材料，自由组合，制作完成可以由个人带走。

5. 汉字与解析。讲解汉字构成背后的文化内涵，简介汉字的发展演变，让学员对汉字的精神内涵有更深刻的体会；简介我国传统文学创作，重点讲解小说的发展。

6. 君子之乐。介绍古琴、箫、琵琶、二胡等古典乐器的历史背景介绍，当代的著名演奏家，以及传承的意义。

7. 周易略见。讲周易的卦象与卦辞，基本的占卜方法，周易的多种用途。

戊、古琴课

穿着汉服、背着古琴行走在校园里，是一道非常靓丽的风景线。在小怪兽的学校里经常会看到这赏心悦目的景色。

南嘉的古琴课，办得是很不错的。犹记得当年前往广州拜访岭南琴派古琴名师——陈是强老师。在大家的努力下，终于感动了陈老师，成功地在学校开起了古琴课。我们课程是每周末在学校里上课，前期是老师免费借给我们的古琴，后期便是有兴趣的同学自己准备琴，上课地点是可以向学校申请的。陈老师每周都要往来于广州和珠海，很是辛苦，在这里要特别感谢陈老师！

1. 课程设置

南嘉的古琴课分为初级阶段和提高阶段，每个阶段 15 节课。差不多在学校里除去考试周，刚好一周一次课，一学期上完，每次课程 2 个小时。

2. 课程内容

这 2 个小时的课程分为理论阶段和实操阶段。每节课前面 40 分钟陈老师会给大家讲解古琴文化常识以及一些理论知识。然后后面的 80 分钟便是教大家如何弹琴了。我们课程招收的人也不多，一个班不超过 15 人，才能保证课程质量。

初级阶段：我们主要学会了解古琴的发展、琴派，学习古琴的文化。然后学会认减字谱，基本的手法、调音。主要学习的曲目有：《仙翁操》《佳人曲》《阳关三叠》等曲目。

提高阶段：学习古琴文化，学会更多更难的指法。还记得陈老师经常讲的一句话：弹琴如做人，琴音透心性。所以后期学习弹琴，主要是习心性，让自己融入其中，人琴合一。当然这很难做到啦，不过梦想还是要有的，万一你到了那一境界呢？

3. 课后互动

我们除了每周的课程以外，还会和老师约约约，吃吃吃。陈老师家在广州，我们也经常跑去老师那里玩，老师总会给我们准备很多好吃的，弹琴喝茶，真是人生一大幸事。

如何招到更多社员

文：汉服小怪兽传媒工作室

"我们社团招不到什么人"是大多数学术性社团的招新问题。这里总结社团招新的法宝，主要分"硬法宝"和"软法宝"两类。

一、硬法宝

硬法宝主要是指物资方面，可以给大家提供一些方案，各位同袍们可以根据预算的多少来进行选择。

（一）汉服

首先，汉服是必不可少的！社团成员内部当然要收拾好自身，做到衣物发型整洁。华丽丽的衣服可以穿出来，短打什么的也可以穿出来，向路人介绍不同的款式很方便。整齐一点还可以凑成齐胸组、褙子组等。有一次，笔者凑了赤橙黄绿青蓝紫在社团大道上跳骑马舞，做了一次快闪，是不是很酷炫呢！在这一天各家社团争奇斗艳，我们也要尽可能知己知彼，百战不殆。很多同学加入汉服社的目的很单纯，就是觉得好看，想穿来看看。我们在第一次亮相的时候，就要做到美美美！主要看做造型，化淡妆，补妆[66]。

汉服体验（北师珠南嘉汉服社 供图）

根据招新人员的多少决定汉服的数量，但是建议汉服的数量要比招新人员多上4～5套，最好有多余的男女装各两套，在招新宣传的过程中可以让过往的同学试穿，体验汉服。

---

66 可参考汉服小怪兽工作室的妆容教程。

（二）展板

每个学校一般都会办一些类似于"社团大道"之类的活动来组织各个社团进行统一招新，而且往往由于宣传人员有限，又不能一个个去跟别人解释，我们社团怎样怎样，所以展板是必不可少的。展板建议设置 1 到 2 个，主要用于展示社团的活动等。展板超级好用，以后每次摆摊时都可以用来宣传。一个普通展板（带支架）价格大概在 60 ～ 70 元。把想展示给大家的内容都写上去，

宣传单正面（北师珠南嘉汉服社 供图）

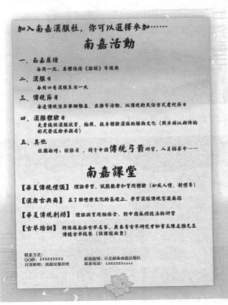

宣传单反面（北师珠南嘉汉服社 供图）

招新展板设计图（北师珠南嘉汉服社供图）

设计方面，不需要太多字，简单易懂、图文并茂。

（三）宣传单、书签

宣传单和展板一样，也是必不可少的物资。可以放在摊位供同学们自取，也可以由工作人员外派，跟同学们介绍社团时候也可以看着传单来，这样不容易混乱。

一般来说因为人流量较大，使用黑白的宣传单比较妥当，大学里打印一般是1角／张，可以印正反面，1000张才一百块，可以自行根据人流量估计。或者是先印上午的，如400张，视情况而定要不要加印，反正也是很快印好的。但是黑白的也有不好之处，因为很容易泯灭于众社团之中，容易被扔掉。

彩页太贵的话，可以去印书签，书签体积小彩色比较便宜，好像100张才10块。印上Q版的汉服，大家都舍不得扔掉，2012年的南嘉汉服社的书签至今还有人手上有存货。

（四）现场布置

现场布置讲究的是气氛，为了突出汉服主题，除了必要的展板、宣传页，现场布置也需要下一番工夫。

首先需要一块招牌，如图：

南嘉汉服社招牌（北师珠南嘉汉服社 供图）

如果经济条件限制，用A4纸打印黑白的挂帐篷上，或者用毛笔写一张。南嘉汉服社每年的"社团大道"除了将试穿的汉服悬挂，还会挂出社团的旗帜，另外古风的竹帘也是不错的选择。像图中隔壁的国学社那样弄一副对联也是很不错的。

现场布置图（北师珠南嘉汉服社 供图）

除了上面所说的，有时候还会准备一些可以在摊位前展示的小节目，比如在摊位前跳舞、在摊位前弹琴，古琴同时也可以作为摆设放置。

摊位前的节目（北师珠南嘉汉服社 供图）

　　另外，品茶也是南嘉汉服社每年必备的项目。在摊位前摆上桌子、蒲团、茶具，不仅可以衬托古朴的气氛，也可以用来招待来宾。

摊位前的喝茶区（汉服小怪兽 供图）

　　也可以设置一些吉祥物之类可以拍照的东西，大家可以合影留念、发朋友圈，如此一来，"气质型"的社团就会被顺便宣传出去。

被裹了半臂的熊（汉服小怪兽 供图）

汉服与吉祥物（汉服小怪兽 供图）

　　现场布置还可以有：占花名、猜谜、投壶。如图是用纸筒做的壶，还有双耳！箭的话，损害太大，拆了一个不用的不锈钢鞋架的横梁，后来有钱之后就换了仿青铜的壶和正常的箭。

摊位前的投壶游戏（汉服小怪兽 供图）

　　（五）礼物

　　南嘉每次做活动，尤其是招新这种年度大活动，都会准备一些小礼物送给报名的会员。当然，小礼物通常是自己设计的书签、扇子什么的。其实广告扇的效果是最好的，一是大家不舍得扔，二是现场很热，非常需要。但是扇子的价格也很可观。小批量的成本会提高很多，大多是1000把起订的，价格大概500以上，质量耐用，而且很多活动都可以用上！

　　小葫芦和小书签也可以作为小礼物。书签刻上会员的名字，和自己社团的logo，很有纪念意义。而且很便宜，淘宝即可获得。小葫芦的话寓意着福禄，

小礼物（汉服小怪兽 供图）

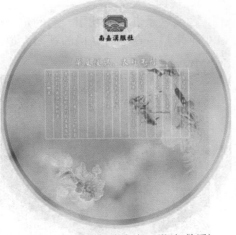

扇子正面（北师珠南嘉汉服社 供图）　　　　扇子反面（北师珠南嘉汉服社 供图）

代表着祝福。

硬法宝说到这里就差不多啦，大家也可以集思广益，想到什么也可以互相分享。接下来我们说一说软法宝的事儿吧！

二、软法宝

什么是软法宝呢？说白了，就是说服普通群众加入汉服同袍的能力。除了大量的物资宣传，靠的当然还有——虽说是汉服本身的魅力吸引，但是如何将汉服的魅力展示出来，各位同袍们可能要八仙过海各显神通了。这里将提供几个模板式的方案，仅供参考。

（一）节目表演

其实在硬法宝那里有提到过，说到底，汉服终究是一件衣服，要想体现它的魅力，的确需要一定的外化手段，表演节目就是个不错的选择。接下来就介绍几种常见的表演形式。

1. 汉服展示

这是最直接的让大家认识汉服的方法，挑选可爱的模特穿上美美的汉服，并且有旁白介绍相应的服饰及其文化。

2. 汉服舞台剧

和展示类似，但有一定的故事情节和表演，主要目的也是展示汉服。

3. 汉舞

如《采薇》《礼仪之邦》等舞蹈。这可能需要有技能的小伙伴才能实现，网上有很多汉舞视频，大家都可以用作参考。

4. 乐器

乐器方面只要有此技能的小伙伴其实都可以来的，以民乐为主，只要穿上汉服演奏，就能算是个汉服节目了。

5. 快闪

之前联系过其他社团一起约定一个点快闪跳《小苹果》。《采薇》舞服跳《小苹果》，在争奇斗艳的社团大道上和其他社团一起联合也是吸引人气的好方法。

汉服展示（北师珠南嘉汉服社 供图）

舞台剧（北师珠南嘉汉服社 供图）

（二）三寸不烂之舌

口才是很重要的一点，在招新过程中很大程度上需要人和人之间直接的沟通、拉拢。所以在向别人介绍社团的时候，有几点需要特别注意。

1."口风"一致

在社团招新前，内部人员需要通过会议确定相对一致的"口风"，比如针对一些固定的问题会有一些统一口径的回答，比如"汉服是什么？参加汉服社可以做什么？"等常见问题。

2. 服章之美

由于有很大部分的受众都是被汉服的美丽吸引而来，所以更要抓住这个点，向不太了解的同学们去推广。例如：入社可以穿汉服，虽然我们穿的大多是自己的衣服，不过社团也有社团的汉服，社员也可以在特定活动借来穿。我们还有汉服体验日，和汉服摄影等系列活动呢！

3. 民族大义

这个就更容易了，"华夏复兴，衣冠先行"的口号喊起来，瞬间让大家觉得这个社团不仅仅是一群只知道美翻了和瞎折腾的人，而是一群有理想、有志向、有抱负的社会主义好青年！

要注意：向同学们解说一定要有耐心，要注意温和措辞。喜欢汉服漂亮的人，就向他们展示汉服的美丽，并表示入社可以一起穿。想通过社团学习更多知识的人，就向他们讲解我们开设的课堂（如汉礼课、华夏传统文化研习、名家讲座、晨读活动等），描述我们的社团一起研习的氛围。喜欢学习技艺的人，就向他们展示我们的汉舞课、传统弓箭课、刺绣课，还有平时做簪子的小活动等。

另外：1. 南嘉是把会员和干事分开来的。干事必须是会员，会员不一定是干事。在现场也会给大家解释会员和干事的区别，会员只需要和大家开心地一起玩就好了，时间会自由一点；而干事要像今天一样需要摆摊干活，每周有例会，干得更多，收获也会更多啦。会员当天就可以直接入会，而干事需要面试才能加入（像这种每个社团细节性的东西一定要统一说法）。

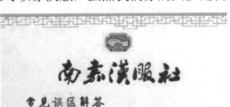

展板（北师珠南嘉汉服社 供图）

2. 社团大道上可能会有报纸杂志过来采访，学校领导老师过来体验，还有社会人士过来玩，需要有一个比较靠谱、会说话的人来做这些人的外宣活动。

（三）充足的前期准备

北师珠是9月初开学，到十一过后的那个礼拜的周末才开始允许社团大规模招新。在新生开学前期，如学生会、社联、青协这些组织可以招新，而社团不可以，社团只能等"社团大道"一起招新。

1. 上个学期的计划

一般来说在上一个学期期末需要对招新有一个大概的认识。比如：暑假怎么在学校贴吧"安利"新人；我们要不要更新一些新汉服；要不要排练一支新的舞蹈；谁提前回来迎新；要不要在开学去"扫楼"；招新宣传片要怎么拍，等等。

2. 暑假的筹备

（1）宣传片。其实最好在暑期没放假前把大家关起来，拍完宣传片再回，这样还可以回家剪辑。

（2）贴吧和Q群、公众号等新媒体宣传。在学校贴吧发帖吸引新人，需要发一个社团官方介绍帖，介绍汉服是什么、汉服社能干什么，以及学长学姐欢迎你的到来。还有派社内的学长学姐去学校贴吧（或者是学校论坛）积极回复新生，答疑解惑，吸引新人入社。七夕节汉服社还可以在学校贴吧"刷存在感"搞线上活动。QQ群也是新生必备好去处，还可以建一个汉服社自己的迎新群，等等。

（3）社团招新物资。比如说扇子，它的定做时间比较长还要走淘宝，所以要提前设计好定做。这一类物资很多定做时间较长，要提前考虑到。

3. 开学行动

（1）迎新。新生到的第一天穿着轻便汉服（汉元素）去帮新生指路、登记、提行李。之前联系到的新人，可以请他们出来聚一聚。

（2）扫楼。很多校级组织经常会去挨着楼栋发宣传单，一栋一栋地扫过去。优点是新生几乎都知道了，缺点是工作量大，还容易被当成推销的赶出来。

（3）刷存在感。没事就穿汉服出去玩耍吧，比如一起穿着汉服吃吃吃，去上课。路上有人搭讪就"安利"一下。

（4）表演。开学有很多迎新晚会，学校也会邀请各个社团去参加。选择一个大型的去演出吧！比如南嘉汉服社在全校学生的开学典礼上做的拜师礼。

4. 招新前一周

（1）社团大道招新策划（会议）。一起集思广益想想我们这次如何出奇制胜取得胜利。

（2）关于招新物资。宣传部的展板、海报、宣传单、书签、设计图做好了没？执行部门，那些宣传物料印出来了没？海报张贴审批通过了没？海报打印出来贴了没？物资部把去年的衣服都找出来吧，计划一下我们今年穿什么比较好。策划中所提到的道具都在谁那里保管呢？招新现场附近供大家休息的教室借了没？人事部的干事招新表格是否已经做完了？

（3）关于节目排练。汉服展示排练好了没？舞蹈教室借了吗？大家的课表是怎样的，什么时候一起出来排练？

（4）微博、微信、朋友圈跟进宣传。可以配合活动来玩，比如抽奖，每天写个段子，画个漫画，给大家科普一下汉服小知识。

（5）进班宣传。穿着汉服带着U盘去新生的班级里放社团招新宣传片，在他们下课5分钟的空隙，一般大学老师都会让你放的。就往年经验来看，一般参加汉服社的学生集中在文学院、艺术学院、商学院，可以着重挑选出来宣传。放完宣传片别忘了感谢老师和同学们。

5. 招新前一天

（1）讲解流程和人员安排（会议）。给大家详细讲一下明天的流程。需要人事部的人员安排表，在会上给大家念一遍，谁明天负责摆摊，谁需要带哪些物资，化妆是谁，后勤是谁，谁帮忙在汉服体验时帮大家穿衣服，谁去弹琴等等一系列的细节。可以带之前已经联系好的新生去招新，但一定带他们参加会议统一认知。

（2）检查道具。之前的道具是否全部到位，是否有损坏。汉服是否特别皱需要熨烫等细节。

招新前一天不要忘了看看社联给你们分配的摊位在哪里，根据地理情况调整战略战术。

（四）机动的现场

1. 来早一点布置。

舞蹈组：应该正在排队化妆、穿汉服等。（化妆组正在给她们化妆）

布置组：把前文说的古琴＋茶具＋吉祥物＋帘子＋汉服等等道具全用上吧。

登记组：去找社联那边领发票（各个学校不同，没有的话就自己记得带个收据）。

汉舞组（北师珠南嘉汉服社 供图）

2. 积极向上，火力全开。

人事部：进行会员和干事的登记。

宣传部：官博进行同步直播，比如汉舞在几点到几点，敬请期待。同时需要带上几台单反进行照片拍摄和视频录制。

招新组：进行讲解和传单发放。

汉服试穿组：帮同学们穿汉服。

汉舞组：跳舞，表演。空余时间加入招新组。

游戏组：带着同学们玩投壶，玩花签，发放小礼品。

3. 后勤保障。本来可以放在上面的，但是为了凸显这个组的重要性单独拉开来说。这个组需要：

（1）帮大家看包。社团大道可谓是一年中东西最多的一次摆摊了，各种道具参差不齐。暂时不用的道具可以放在我们前期借的教室里，大多数人都去招新了，这间教室需要一个人看守。

（2）饮食保障。太重要了！这个组要负责中午的盒饭订购和发放，还有给大家买水。（其实买一桶水5块就好了，用水泵压出来，拿杯子喝，记得带一只马克笔，提供给大家写名字，记住谁是谁的，不容易浪费杯子。）

（3）应急保障。比如，宣传单用完了快去印！需要凳子快去宿舍拿一下！泡茶用的水不够了，快去烧一壶！各种江湖救急。（对于一个比较大的学校来说，这个组最好配个自行车。）

4、收尾工作。记得把该带的东西带好，点清物资，不要遗漏。"社团大道"人多口杂、手杂，千万要仔细。记得把社团的垃圾都带走，做一个文明有素质的社团！

（五）后期的跟进

1. 会员录入。就是那张填的密密麻麻的表格，需要第一时间把会员的号码加入社团微信群，方便以后发布活动通知什么的。一般为第二天的见面会着想，提前一天晚上录完，可以多分几个人做。加完之后，发一则"欢迎来到汉服社大家庭"这一类的信息，让社员心里有个归属感，并发布第二天的新生见面会的时间地点。

2. 新生见面会。南嘉汉服社一般会在招新后一天举行。见面会一般就是之前在前期准备中要借好教室，在第一天招新的传单中就要写好时间地点，以防大家短信、微信收不到。

见面会需要带好社团旗帜，海报，还有干事表格，多余的汉服。见面会的环节需要仔细策划。需要做好现场黑板布置、主持人设计、PPT制作、流程安排、人员调动、节目安排等。毕竟这是会员的第一次见面，需要给大家留下好的印象。发点小礼物，如发簪、明信片、扇子什么的都很好，还可以进行互动抽奖。现场面对面建一个社团微信群也好。最后还需要拍一个社团大合照。

干事拓展（北师珠南嘉汉服社 供图）

3. 科普讲座。开一些汉服基本知识的普及讲座，加点抽奖环节和汉服体验环节都不错。

4. 干事面试。也应该放在前期准备里面的，先借好教室，在第一天填好的报名表上就要写好面试的地点时间。一般我们会在招新后的那一周的2～3天晚上进行面试，社员们可以自己选择时间。

5. 干事第一次会议和干事拓展。第一次会议跟拓展选周末一天一起做，招新后一周没有时间了。比如先开个会，介绍一下干事需要干什么，帮他们找一下他们的部长，然后带去拓展玩。关于拓展，主要是团队建设，大家找一天一起玩游戏。

关于新建社团的财力资金不足问题，只要尽心尽力就好。南嘉在第一年招新的时候非常匆忙，也没有任何资金来源，最后的花费好像是200～300元吧，主要花在宣传单、展板、海报、书签的印制上了。是建社的同袍们自己垫的。新建社的同袍们一定要注意节约——回收再利用，做好长期抗穷准备（有点虐心）。南嘉第一年虽然一穷二白，但是由于新建社团活力足、学校的人都没见过、非常卖力招新、没收会费等原因，最后招到了一百五十人。怪兽君这里把能想到的招新细节都写出来，新建的社团财力物力上不足，就更需要想得更多做得更多啦，以为社员提供优质的服务取胜。大家可以选择你们需要的环节自行排列组合，还有一些没有想到的，大家可以一起努力，在实践中进一步探索思考如何招到更多的人！

第十一章 汉服进阶

汉服是服饰风俗的产物，然而特殊的历史让我们在找回它的初期不得不用一系列精确到每一条缝纫线的庞大形制知识体系来标注它。但到了今天，我们应该试着用自己的习惯来认识它，用自己的感觉来感受它。本章提供了穿着汉服的教程以及汉服的日常保养与呵护方案，甚至还有手工缝制汉服的入门指导，力图从每个普通人的实际生活出发，将庞大的知识体系转化成一种通俗易懂、贴近大众需求的实用指引。

汉服商品分类指南[67]

文：汤簌簌、夏艺萌（暮音）

随着大家对于汉服的兴趣和关注越来越多，了解如何购买合适的汉服和相关产品已经成为一个问题。下面我们以"汉服荟"商城中所采用的商品分类为例，对汉服商家的常见商品分类加以简介，希望能对广大同袍有所帮助。

汉服荟商城首页

一、女装

传统服饰中，女装千百年来的主流都是"上衣下裙制"，或称"襦裙制"：主衣为衣＋裙，衣外可另着罩衣，裙内需着裤。

---

67 本文作者：汤簌簌，汉服手工博主，曾出很多优秀的汉服制作教程。微博@Sue簌簌。夏艺萌，网名"暮音"，热爱汉服的高中生，北师大实验中学子衿汉服社成员。

●上衣

女款套装 >

交领襦裙	对襟襦裙	齐胸襦裙
袒领襦裙	褙子套装	袄裙	圆领袍
直裾	曲裾	童装

汉服荟商城·女款套装

女款单品 >

| 半臂 | 襦/衫 | 上袄 | 褙子 | 宋裤 |
| 比甲 | 披风 | 大袖衫 | 褶裙 | 马面 |

汉服荟商城·女款单品

（一）襦

广义的襦即为衣的意思，交领襦裙、对襟襦裙等词汇中，襦即为上衣之意，并无特指。

而当襦作为一种特定的款式时，特指一种带有腰襕（襕指拼接的布料）的交领上衣；这种襦可单可复，有长有短。

（二）衫／袄

一般来讲，衫指单层上衣，通常在春夏穿着，袄指双层或多层的上衣，为秋冬时期的单品。

几种常见领子和衣襟的形制（汤籔籔 绘制）

几种常见领子和衣襟的形制（汤籔籔 绘制）

袄衫的款式多种多样，按结构分类有：（交领）直领大襟袄／衫、直领对襟袄／衫、竖领对襟袄／衫、竖领大襟袄／衫、圆领对襟袄／衫、圆领大襟袄／衫、方领对襟袄／衫。

袄衫有长有短，长度在膝上的称为短袄、短衫；长度及膝或在膝下的称为长袄、长衫。

袄衫的袖子也有许多种形状，由简便至隆重可以大致分为：窄袖、直袖、琵琶袖、广袖。

以上元素任意排列组合，能形成多种多样的汉服女上衣，例如：直领大襟（交领）琵琶袖短袄，即为最受欢迎的汉服女装单品之一；搭配长裙，则成为了我们最熟悉的汉服女装套装——袄裙。

（三）罩衣

襦衫袄之外，还可以外罩一件或多件罩衣穿着，起到保暖或者是美观的作用；实际上，罩衣也是一种袄／衫，称呼它为罩衣，是从穿着的层次来讲的。

很多罩衣款式有它自己的名字，下面就一一进行释义。

1. 半臂／半袖：

袖长至肘（或者更长），有点像时装里的短袖，但与时装不同，汉服半臂／半袖不能单独穿着，里面需要穿着长袖上衣。有坦领、直领、方领、圆领等样式，多为对襟，也有大襟的。衣长可长可短。

2. 比甲：

一种无袖、对襟式样的罩衣（一说半袖罩衣也可称比甲），有直领、圆领、方领等样式。衣长可长可短。

3. 背心：

与比甲同义，但增添了交领样式。

4. 褙子：

直领、对襟、长袖的罩衣称为褙子，为窄袖或直袖，两侧有开衩，通常为长衣，短衣则称为短褙子。

5. 披风：

对襟、长袖的长衣，有直领的，也有竖领的，袖子一般比较宽大，两侧有开衩。

直领对襟披风与褙子的区别在于：披风领是半领，褙子领则通底；披风较为宽大，而褙子较为修身。

披风（重回汉唐 供图）

褙子（重回汉唐 供图）

6. 斗篷：

斗篷并不是土生土长的汉服，却是冬季最受青睐的单品。目前我们把它归入汉服配饰中，有长款／短款、连帽／无帽之分。

（四）内衣（见下文内衣分类）

●裙

裙又称裳（音cháng），故"襦裙制"又可称为"衣裳制"。

着裙是汉女千百年来的传统，无论贫富贵贱，都会在裤外着裙，即使是下地干活的农妇，也会在裤外围一短裙，习俗而已。不过这一传统没有保留到现在，今天人们的观念总是，裤／裙穿一样即可，但在传统上，应当是同时穿着的。

汉服女裙的结构多变，款式丰富，大致可以这样区分：

（1）高度：齐胸／高腰／齐腰；

（2）长度：长裙／短围裙（短围裙内是要着裤的，当然也可以围系在长裙的外面）；

（3）结构：褶裙／破裙；一片式／两片式。

以上元素组合，能够成我们一些常见的经典款式，例如：

1. 褶裙：全称应当是一片式满褶长裙，是汉服中最经典最百搭的单品，有齐腰长度的，也有齐胸长度的；

2. 马面裙：是一种结构很特殊的褶裙，两侧打褶，身前身后留有重合的光面，长裙齐腰；

3. 破裙：这里的"破"字为裁剪开的意思，又称交输裙；与褶裙相对，破裙是通过裁剪拼接，来增大裙腰与裙摆之间的差值，而褶裙则是通过打褶子；可齐胸也可齐腰；有的破裙，会在裙摆处缘荷叶边，非常好看。

以上三种，为目前比较常见的汉服女裙款式；实际上，汉服女裙的种类还有许多，例如百叠裙、两片裙等等，不一而足。

一片式褶裙（汤籔籔 供图）

马面裙（汤籔籔 供图）

●裤

裤又写作袴（音kù），汉服女裤，目前商家做的比较少，一来裤穿着于裙内，不太注重；二来，传统的汉服裤子穿起来也的确不太方便。

传统女裤有开裆、合裆两种，开裆裤多穿在外层，起保暖或装饰作用，用系带固定；另有一种膝裤，连裤腰也没有，仅作保暖用途。

裈（kūn）则为内裤、短裤的称呼，不过几乎没有商家做。

宋裤：宋裤是一种特殊结构女裤的称呼，因出土于南宋黄昇墓而得名，是一个合称：内着开裆裤，外套合裆侧开衩裤，外裤因宽阔且侧开衩，行走起来飘然生姿；不过因为传统宋裤穿着起来比较麻烦，现在商家售卖的大多是改良简化后的版本。

交领袄裙（重回汉唐 供图）

齐胸襦裙（重回汉唐 供图）

以上为主要的汉服女装单品，各单品组合，形成我们常见的套装，例如：

齐胸襦裙：对襟短衫＋齐胸长褶裙／破裙的合称；

齐腰襦裙：短袄／衫＋长裙的合称；

对襟襦裙：对襟短袄／衫＋长裙的合称；

袄裙：长／短袄＋长裙的合称；

……

●袍

"襦裙制""衣裳制"为汉服女装的主流，但汉服女装中也有一些单品为袍类，袍是长衣的意思，穿着袍时，裙裤都退为内搭内衬，主衣则为外袍。比较经典的单品有：

1. 曲裾袍：最经典的汉服款式之一，衣襟盘旋弯曲，缠绕在身上，是为曲裾。

2. 直裾袍：与曲裾袍对应，衣襟直下。

3. 唐风圆领袍（缺胯袍）：指有一种具有初唐风格的圆领大襟长袍，两侧开衩，本为男装，唐时有女着男装的风尚，故这一款式也被保留在汉服女装之中。衣长至膝或小腿，窄袖，圆领，穿着时也可将领子翻开，女子穿着，英气逼人。

4. 明风圆领袍：虽然看起来与圆领大襟的长袄无太大区别，但是是有内摆的，并且应长至脚面。

唐圆领袍（重回汉唐 供图）

二、男装

男款套装 〉

衣裳	直裰	深衣	道袍	圆领袍
直裾	曲裾	襕衫	曳撒	贴里
裋褐	童装			

汉服荟商城·男款套装

传统服饰中，男子着装的传统与女子不同，如果说女子"襦裙制""衣裳制"为千百年来的主流，那么男装则为"深衣制"。当然这里的"深衣"并不是真的指深衣这一款式，而只是套用了《礼记》中有关深衣的"被体深邃"这一释义罢了，即，男装传统，是喜欢穿长衣的。汉服男装另一特点是，有很多特定称谓特定结构的款式，不像女装，大多通通以某某襦／衫／袄来称呼。

華夏有衣

走进汉服文化

男款单品 〉

半臂　上襦　褙子　大氅　袴

汉服荟商城·男款单品

（一）内衣（见下文内衣分类）

（二）衬衣（中衣，见下文）

（三）主衣

除了与女装类似，以襦衫袄称呼的主衣外，以下列举一些特定称谓的长衣：

1. 襕衫：

圆领大袖，下施横襕，有深色缘边，过去为生员的服装（校服）。

2. 深衣：

白底黑边，交领右衽，上下分裁，下裳用布十二幅，代表十二个月。深衣在《礼记》中有过详细描述，朱熹也曾主张复原复兴，因此有很大的象征意义，今天常用于祭祀等礼仪性质的场合。

3. 道袍：

并非道士的长袍，而是明代男子一种非常流行的单品的称呼，特点是上下通裁、交领右衽、衣袖宽大、有内摆。

4. 直身：

与道袍相似，不过是外摆。

5. 直裰：

通裁的直领大襟长袄／衫称为直裰，两侧开衩、无摆。

6. 曳撒（音 yì sǎn）：

上下分裁，与贴里类似。装饰有飞鱼纹（点缀了鱼鳍鱼尾的蟒）的曳撒又被叫作飞鱼袍，它的形制是曳撒。

深衣（重回汉唐 供图）

7. 圆领袍：

唐风圆领袍可参考前文女装唐风圆领袍；宋风圆领袍下施襕，为官服或便服；明风圆领袍有摆，为礼服。

（四）罩衣

1. 褙子：

直领对襟的长衣，直袖宽阔。

2. 披风：

与女子披风类似，不过没有竖领款式。

3. 氅衣（大氅）：

与披风类似，不过两侧不开衩，而缘有深色边。

4. 斗篷：

同女装斗篷。

（五）裙裳

汉服男子也着裙，或称为裳，多穿在长衣之内作为衬裙，也有穿在外的。常见样式有褶裙、马面裙等。

三、内衣 / 中衣

汉服荟商城·内衣/中衣

一、内衣

男装贴身的内衣，有对襟的背心，称为汗衫的（贴身穿着容易受汗渍，故名汗衫）。

内裤则有犊鼻裈等等，不过几乎没有商家做。传统汉服女装内衣，有抹胸、裲裆、主腰等款式，而最常见的小吊带，则是从时装中借鉴而来。

补充：所谓中衣，其实就是指内搭的衬衣，上衣通常为交领款式，商家通常作为白色；相应的还有中裤中裙等称呼，都是从穿着层次上来讲的。

二、衬衣（中衣）

短衬衣有直领大襟（即交领）的袄衫，更有贴里、搭护等款式：

1. 贴里：一种衬袍的名称，上下分裁，上为直领大襟（交领），下裳打褶，上下连接在一起，通常长至小腿。

2. 搭护：通裁，直领大襟，无袖或短袖，有摆；通常做衬衣，有时也可单穿。

四、汉元素服装

汉元素，意思就是"有着汉服特定元素但是不遵从正统汉服形制"的衣服，是一种时装。主要借鉴的元素大概是"交领""短宋裤""短褶裙"等。大多数为西式剪裁，女装多连衣裙。男装多为短袖交领衫和裋褐，但做男装的商家比女装商家少很多。

汉元素 >

| 上衣下裙 | 连衣裙 | 上衣（女） |
| 上衣（男） | 裙 | 裤 | 裋褐 |

汉服荟商城•汉元素

汉元素-荏苒（华小夏 供图）

五、配饰

配饰 >

披帛	斗篷	发带	冠巾	首饰
颈饰	胸针	手饰	革带	腰佩宫绦
鞋/靴	诃子	其他

汉服荟商城•配饰

配饰里面重中之重的就是发饰了。笄、簪（一根直棍），钗（两股）和发梳都是用来固定和装饰头发的；发篦是一种篦污去痒的理发工具，但也可以起到装饰作用；额饰的作用是用来装饰额头的。此外还有步摇，花钿等等，作用都是用来装饰的了。

手作簪子、发梳（夏艺萌（暮音）供图）

下面我们就来看一看其他的配饰。

1. 披帛：长条形状的巾子，搭在肩上，缠绕在手背间，一般都是薄薄的纱罗裁成，上面有印花，或者是金银线织就的图案。现在多搭配齐胸襦裙。

2. 斗篷：斗篷严格来讲不是汉服的形制，所以归为配饰。和普通斗篷很像，但多为保暖作用。多搭配袄裙。

3. 发带：一条布带，两端不连，其上多有绣花流苏等装饰。

4. 冠巾：冠、巾皆为古代的帽子，形制多样，在此不冗述。

5. 颈饰：多为璎珞圈，一种金属圈为主体，加以花片、珠玉贝壳等装饰做出的项圈。

6. 胸针：和现在的胸针大同小异。

7. 手饰：主要有手镯、手链、戒指。

8. 革带：皮做的束衣带，多用来搭配圆领袍。

9. 腰佩／宫绦：用于裙装腰带的装饰，主要包括玉佩、带钩、带环、带板及其他腰间携挂物。材料一般以贵金属镶宝石或玉石居多；宫绦中间用绳子，两端系有玉佩，金饰，骨雕，中国结等重物，尾端有流苏。

10. 鞋、靴：鞋，是履、靴、鞋、屐的统称，古时称鞜、靸或履，也有称为屦、屩、屐、鞮的。屩，系草鞋。履，是由麻、丝制成的鞋。屐，也是鞋子的一种，通常指木底，或有齿，或无齿，也有草制或帛制的。靴，是高到踝骨以上的长筒靴，随胡服的传入逐渐普及，在汉代后期大量出现，到唐代普及。

11. 诃子：是中国古代妇女的胸衣。

六、周边

汉服荟商城·周边

1. 包类：汉元素口金包，荷包等。

2. 手捂：有手炉，暖手筒等，均为冬日的保暖物品。

3. 扇子：主要有团扇和折扇，一般为随手携带美观的作用。

4. 围脖／毛领：为脖子保暖的用品。

5. 布料：自己制作汉服所用布料。

6. 油纸伞：一种以手工削制的竹条做伞架，以涂刷天然防水桐油的皮棉纸做伞面的中国传统的伞。

7. 子母扣／扣子：用于固定的扣子，多用于披风，半袖等。

8. 香材：熏香，香插，香囊，香料等物品。

9. 流苏：一种下垂的以五彩羽毛或丝线等制成的穗子。

10. 弓箭：古代与现代以弓发射的具有锋刃的一种远射兵器。

11. 书画：书法和国画。

12. 舞服：跳汉舞所穿的服装，是根据汉服款式加以艺术加工后的产物，大多不能算严格意义上的汉服。

附录：正确挑选汉服建议[68]

文：唐紫铭

一、看形制

汉服与影楼装存在着本质上的区别，现代的影楼装主要注重视觉效果，基本以低胸、大袖，过于浮夸且吸引眼球的颜色为主。然而真正的汉服却并不是全部为大袖，在千年的演变过程中，疏阔飘逸的大袖主要用于礼服或者舞服，即使是贵族，在日常生活中也会多采用便于动作的简袖。汉服不是一种炫耀的时装，它凝聚着劳动人民的智慧和中华简朴素雅的理想，所以，过于重视外形漂亮而忽略实用性的衣服一般都是影楼装。

另外，汉服的形制多种多样，并不是短短一行文字便可以介绍清楚的，倘若想要一眼区分开影楼装与正统汉服，还需要多加进行科普学习。

二、看布料

最为正统的汉服布料一般是采用棉麻，因为棉麻具有特殊的垂感，且亲肤透气，仅有少数贵族能够用的起丝绸与轻纱装点自己。而在现代，布料的种类更为多样，一般的汉服商家都会选用价格中等，轻薄具有飘逸感的雪纺作为主要面料，而少数高端定制的汉服商家则会采用棉麻或者更高级的布料制作。值得注意的是，市面上打着汉服标签的影楼装基本采用会反光的化纤，以布料辨别是否是影楼装也有极高的正确率。

三、看系带

正统的汉服，除了子母扣之外，无论是齐胸襦裙、朱子深衣还是曲裾直裾都是以系带方式穿着固定，不应当存在任何的松紧带、易拉宝、子母扣等等其他固定方式。一旦这些小细节出现在商家标榜的汉服上，都不能算作真正的汉服，充其量只能算作是汉元素时装。

除了这些现代的固定方式，一旦打着汉服标签的衣服上出现盘扣，则百分之百不符合正统的汉服形制。

四、看飘带

许多影楼装也在为了更贴近汉服而不断改进，其中，齐胸襦裙作为盛唐时代最流行的服装样式，以低胸，大裙摆，绣花艳丽的前卫样式最受影楼服装设计者的喜爱，但是即使学得再像，仍旧是为了追求视觉上的美观，他们将直筒袖的上襦改做大袖，而应当垂在胸前的两条飘带，则多数被设计成一个小蝴蝶结。遇到

---

68 作者：北京城市学院BCU国风汉服社唐紫铭（航天城校区）。本文选自微信公众号"北京校园传统文化联盟"，收入本书时有修订。

这样的样式，即使并没有像上面说的一样采用夸张的化纤布料，也属于较为考究的影楼装。

五、看裙边

宽袍大袖尽显东方女性柔美线条的曲裾可谓是女生们的大爱，然而，曲裾作为古代的礼服也有着更多的讲究，在这里主要教大家看裙边。曲裾的裙边全部为一字底，如果是单边绕也绝没有分支，有些汉服商家追求美观，将汉服裙边设计成"入"字底。根据不断出土复原出来的汉服制式大家都有存疑，其中汉服"入"字底一直算是存疑的焦点，为了防止日后数据翔实发现心爱的衣服实际上形制并不正确，还是建议新入圈的同袍尽量避开。而不仅采用"入"字底，还将两边衣服边角高跷的衣服，是为了方便做一些抬腿的舞蹈动作，不能算是一件正统的汉服礼服，而是成为了一件舞服。

六、看商家

现在，购买汉服最方便的办法就是上网选购，但是面对着眼花缭乱的"复刻""再版""重制"难免晕头转向，在这里来为大家分别解读一下。

"复刻"意为某一款式的汉服因为非常受到大家欢迎，但是第一批生产数量少，很多人没有买到，所以原店家重新再开一批。许多山版店铺经常混淆其中概念，剽窃原创图案但是打着"复刻"的名号售卖，这样的山寨店铺一没有获得正版商家的版权，二在于做工和绣花以及布料都没有保证，需要大家小心避开。

"再版"和复刻的意思相近，但是都要注意一定是原来汉服商家才有资格说自己是"再版"或者"复刻"，如果发现一家店铺挂着另外一家店铺的名字说是"再版"或者"复刻"，就千万小心是山寨店铺了。

最后关于"重制"主要说的是因为汉服在形制上有着较为严格的要求，一些制作汉服的商家为了达到好看的效果，自创形制，虽然好看但是这样一改岂不是和影楼装无异？所以被举报存在这样问题的商家会听从同袍们的建议对于错误的形制加以修改。

如果对于上面这些操作觉得太复杂，还有一个稍微简单些的办法，就是在网上搜索最新的正品汉服商家名单，只要在名单之中的商家，大抵都是形制可靠，且有相关售后服务的正规商家。这里要重点和大家说明，山寨汉服的确便宜诱人，但是大多也因为其低廉的价格容易发生布料劣质、绣工粗糙甚至印花模糊重影而投诉无果的惨剧。请爱汉服并且珍惜汉服的朋友们慎重斟酌。

七、看产品介绍

我们都知道，拍照的时候加滤镜会让整张照片显得更加好看，但是如果汉服商家的商品照片添加了滤镜，就会造成一定的视觉偏差，即使不加滤镜，在不同灯光下的拍摄也会影响颜色深浅。为了最大化的减少这种误差，许多汉服商家推出了服装展示视频，可以更直观的看到商品在不同光线下的颜色变化。面对不能提供这样完整产品视频或者足够清晰平铺图的商家，如果在和商家沟通无果之后，不妨稍微等一小段时间，去看一下购买记录中的评价，通过不同光源下的返图来估测色差是不是在自己所能接受的范围之内。

八、看顾客评价

无论前期如何细致的考量，都会有意想不到的情况发生，比如工期延误，比如替换布料，比如机器问题绣花失误或者版型出现偏差等等。这就需要逐条的阅读前面购买过的顾客评价，在选定心仪的汉服前，不仅需要查看该产品下的顾客评论，还需要查看这家店铺其他所有产品的评价，了解一旦出现问题后商家的服务态度和处理办法，使得你的选择更有保障。

汉服保养基本常识[69]

文：楸月白

相信认识汉服久的同袍都难免会遇上这样的问题：每当季节更替翻出去年的汉服就发现有点发黄，有点变旧，有点绣花破损。当年的心头草，随着时光被迫成了心头枯草。想买同样新的，却发现绝版。怎么样才能保持总是如初相见的美好状态？汉服保养也是很重要的。

一、棉、麻汉服

晾晒时最好放在阴凉处晒干，阳光直射会导致棉麻变黄。存放时，衣服须洗净、晒干、折平，衣橱、柜箱、包装袋都要保持清洁干净和干燥，防止霉变。另外浅色汉服与深色存放时最好分开，防止沾色或泛黄。

右图这款裙子选取了聚酯纤维和棉，使面料相对其他棉麻面料来说抗皱、容易打理，所以省去了不少麻烦。十二破裙也是最新显瘦裁剪方式，喜欢的可以尝试。遵循了上面的保养方法，保养起来应该还是挺方便的。

坦领刺绣十二破裙-晚晴
（花朝记 供图）

二、丝绸汉服

洗涤时，水的温度为凉水或微温水，选择温和的洗衣液，并全程保持统一温度。不要用力搓拧，轻微挤压出水即可。晾的时应避免阳光直射，阳光会催化真丝氧化变黄。收藏时，为防潮防尘，可以在服装面上盖一层布或把丝绸服装包好。白色服装不能放樟脑丸，否则易泛黄。

丝绸汉服由于质感的轻薄舒适属上乘，相对的，打理的时候就要小心轻柔一些。不过对

橘色真丝麻圆领短衫
（汉嗣汉服 供图）

---

69 本文选自微信公众号"汉服荟"，收入本书时有修订。

绣花袄裙-花鎏
（河汉涓埃 供图）

于爱汉服的妹子来说打理这些只要稍加注意并不是难事。

三、呢绒服装

各种呢绒汉服穿着一段时间后，要晾晒拍打，去除灰尘。实在需要清洗的时候也尽量选择干洗。不穿时放在干燥处。宜悬挂存放，以免变形。存放前，应刷清或洗净、烫平、晒干，通风晾放一天。毛绒汉服宜与其他服装隔开存放，以免掉绒掉毛，沾污其他服装。

毛呢和袄裙在一起最有温暖的感觉。不过一般毛呢作为冬装也不会经常清洗，强迫症娃娃不要三天两头就随意丢洗衣机洗刷刷哦。

褙子-系旧愁
（曦兮汉服 供图）

四、化纤服装

晾晒时不要长期在太阳底下暴晒，防止化纤硬化。存放时，人造纤维服装宜平放，不宜长期吊挂，以免因悬垂而伸长。在存放含天然纤维的混纺织物服装时，可放少量樟脑丸或去虫剂，但不要直接接触。

雪纺相对其他面料耐洗，非常适合毛手毛脚的同袍。另外如果希望它能一直新新的晾晒时注意不要太阳暴晒过久，防止变脆。

五、另外一些通用汉服护理小知识

1. 尽量不要机洗。洗衣机里各种衣服纠缠拉扯，部分面料和一些绣花根本经不起这样折腾。

现在很多带绣花的汉服都带上了建议手洗的清洗建议。虽然现在绣花质量越来越好，但是没有特殊情况还是选择手洗最佳。丢洗衣机也尽量加个洗衣袋保护下。

2. 各种污渍弄脏了的衣服要马上洗，特别是果汁和血渍，越放越难洗，洗不掉的话一件衣服就毁了。白色衣服最容易被汗渍毁掉。

3. 干燥存储。季节交替时，把上季的衣服清洗完全晒干叠好，放于干燥的位置，能出来通风干燥最好，避免潮湿形成霉点。不能的话可以在网络上买一些吸水袋。

特别是棉的衣服吸汗，在梅雨潮湿季节也就容易吸湿。为了不生成霉点，可以在衣柜里挂吸湿袋，在季节过后要拿出来稍微通风晒下。

4. 挂烫机。穿的时候先熨烫平整，每次都是新衣服的感觉。

男生平时打理衣服不注意就算了，穿汉服要帅，出门前可得记得把那些丢衣柜产生的折痕给熨烫平。有的汉服不适合熨烫可以选择挂烫，住宿的可以用玻璃杯装上热水，用杯底稍微抚平处理下。

5. 买汉服的时候注意咨询商家或仔细查看宝贝详情清洗方式，不能想当然的按自己的想法清洗。

很多商家虽然不像时装那样挂有水洗标，但是宝贝详情多会附上这些，保养汉服的时候记得注意看。

6. 如果衣柜够大，把汉服都挂起来，再配个小香包。

长期经过香包呵护的汉服，当你隔一年拿出来的时候会香香的。没有那些衣柜的味道，自带香水的效果棒棒哒。

7. 深色衣服清洗时候，可以先在盐水里浸下，再清洗，防止大量褪色染坏自己和别的衣服。虽然现在商家几乎都会提前进行防褪色的处理，防缩水处理等，现在衣服褪色情况越来越少啦，不过还是要以防万一。

附录：汉服的正确洗涤和保养[70]

文：汉尚华莲

一、汉服的洗涤

1. 洗汉服的正确方法是反转洗，尽量手洗，若要放入洗衣机请用洗衣袋包上以后清洗。

2. 深色的汉服第一次可能会有部分掉色，注意的是深色和浅色的必须分开洗，购买了深颜色的汉服可以用温盐水先浸泡半小时，可减轻脱色。

3. 棉织物第一次洗涤会有缩水情况，洗涤前可放在水中浸泡几分钟，但不宜过久，以免颜色受到破坏。

4. 麻纤维织物——麻纤维刚硬，抱合力差，洗涤时要比棉织物轻些，切忌使用硬刷和用力揉搓，以免布面起毛，洗后不可用力拧绞。

5. 汉服不可用热水浸泡，以免使汗渍中的蛋白质凝固而黏附在汉服上，且会出现黄色汗斑。

6. 涤纶织物——先用冷水浸泡15分钟，然后用一般合成洗涤剂洗涤，洗液温度不宜超过45℃。领口、袖口较脏处可用毛刷刷洗。

洗后，漂洗净，可轻拧绞，置阴凉通风处晾干，不可曝晒，不宜烘干，以免因热生皱。其他化纤织物的洗涤与此类同。

7. 应在通风阴凉处晒晾汉服，以免在日光下曝晒使有色织物褪色。晾汉服的时候也必须反转晾晒，避免紫外线直接作用在正面而引起汉服变旧。

二、汉服的保管及保养

为使汉服充分体现耐用方面的功能，必须妥善进行保管，通过保养还可减少

70 本文转引自微信公众号"汉服资讯"。

汉服发脆、变色的产生。汉服发脆、变色的原因有以下几方面：

1. 虫害和发霉。

2. 整理剂和染料因日光及水分的作用，发生水解和氧化等现象。如硫化染料染色时释放出的硫酸，会使纤维发脆。

3. 残留物对纤维的影响，如残留氯的氧化作用。

4. 由于空气的氧化作用而使织物发黄，如丝绸织物和锦纶织物的变黄。

5. 由于整理剂如荧光增白剂的变质而使织物发黄。

6. 在保管环境下由于光或热的作用而使织物发黄。

7. 由于染料的升华而导致染色织物褪色。

8. 由于油剂的氧化和残留溶剂的蒸发而导致织物变色。

汉服手工入门准备[71]

文：岁云（汉服手工娘）

"手工娘，看了许多你发的教程还有同袍们的返图，我也想自己尝试做汉服，但是不知道要准备哪些工具，手残党一枚。"

有不少小手工都这样留言给我，说想做汉服没勇气开始；或者自己什么工具都没有，感觉做一件汉服很复杂很麻烦。手工娘今天就给大家抻一抻我的汉服手工制作之路，看了你就知道，自己动手做一件汉服，是件一点都不复杂的事。

一、入门篇：一个抖机灵的手缝党

工具：

双手、书本、功能齐全的针线盒（带软尺、珠针）、剪刀、米尺（我高中剩下的）、直板夹

价格：

不算手，100 元以内可买齐。并且谁家没有针线盒、尺子、剪刀呢，根本不用买。

最开始决定自己做汉服，是因为大学毕业季，论文答辩结束，工

针线盒（汉服手工 供图）

作也签好了，就等着毕业拿了证去公司报道了。在家闲着没事干，就开始琢磨做汉服。看了很多前辈分享的教程之后，打开了某宝，开始买布。

最初就买便宜的练手，好像是一家叫江南六块田的店，处理渐变色雪纺，10 块钱 6 米。我买了 10 块钱的灰白渐变天丝雪纺，又买了 1 块钱的福袋，福

---

71 本文来自微信公众号"汉服手工"，收入本书时有修订。

渐变雪纺（汉服手工 供图）

渐变雪纺练手布（汉服手工 供图）

袋里给了我一大块的蓝白渐变雪纺，大概有 1.5×1.5m。你没看错，1 块钱。内衬布料是我在老家布料市场买的白色绵绸，亲肤舒适。

用蓝白做了上襦，灰白做了褶裙，还给我妈缝了条松紧带的裙子，让她去跳广场舞，贴心小棉袄有没有？

第一次制作汉服，雪纺太软就老老实实上浆，煮了一大锅米汤，晒干后布料硬邦邦的。裁剪用的是张小泉家用剪刀，没买划粉，就找了截粉笔画的。

没有电熨斗，褶裙和衣领、袖子等处需要熨烫怎么办呢？

我灵机一动，看到了多年弃之不用的直板夹，喔哟，还是公主粉的呢。然后我就用写论文时买的可以当板砖拍死人的《苏轼全集》压着裙子的一端，手拎着另一端，开始用直板夹夹出裙子的褶子来。衣领、裙头、袖根、袖口，都拿来夹一夹，效果意想不到的好。

直板夹（汉服手工 供图）

二、进阶篇：缺啥买啥就好了

相信我，一入手工坑，根本停不下来。

缝纫机：国产牌子飞跃；进口牌子兄弟、JUKI
价格：600 ～ 3000 元

很快你就会嫌弃手缝太慢，跟不上你的脑洞，会发疯似的想买缝纫机。当初买缝纫机时，做了不少功课，跑到各个裁缝群学习，听取前辈经验。

大家基本上都说不要买几十块的芳华。你一搜某宝，关于缝纫机，首页一定都是几十块的芳华，千万别买，除非你想买个一次性玩具。机芯都是塑料的，根本不能用的，缝缝 A4 纸还差不多。

还有人告诉我说 1000 块以下的缝纫机都是垃圾，本着负责的态度，我

家用多功能缝纫机（汉服手工 供图）

亲自买了之后，可以告诉大家，1000 块钱以内的机器也有很不错的。

如果你的需求是偶尔做做、家用、新手，手工娘推荐国产牌子飞跃，600 ~ 800 块左右，功能齐全，质量过关，基本需求都能满足。如果你做得比较多，还想要点绣花功能，推荐兄弟、JUKI，兄弟家出的有绣花缝纫一体机，好像 5000 块左右。二手 3000 多能买。如果你想走专业的道路，那就买个工业机吧，非常好用！

剪刀（汉服手工 供图）

张小泉裁缝剪

价格：买个 50 元左右的足够了

一把好用的剪刀，在裁剪布料时能省心省力不少。由于我家一把张小泉的剪子用了很多年，我对他十分信任，没有做什么功课，直接买了张小泉裁缝剪。

因为手比较小，买了 11 寸的，手工娘用着不大不小刚好，重量拿久了也不吃力。我姥姥家有个超大号的，真是用一会儿就手酸。各位小手工买的时候看清楚尺寸详情，挑选最适合自己的。价格 50 元左右。

划粉、水消笔/气消笔、很长的直尺

价格：都很便宜

划粉、水消笔/气消笔、直尺，用来辅助画线，都是几块钱的小东西，网购的话在一家店可以买齐。曾有人推荐过一款好用的划粉，说是不易碎，我忘记品牌名称了，只好随便买了个。毕竟，我是个用过粉笔的人。

水消笔/气消笔（汉服手工 供图）

电熨斗

价格：入门级别 100 元左右

电熨斗我买了个 100 多的，入门级，质量也很不错。电熨斗牌子太多了，不做特别推荐，找那几个有名气的，看看详细功能介绍，结合自己的预算买。

电熨斗（汉服手工 供图）

牛皮纸 / 不织布

打版用，这个就不多说啥了。不怕大家笑话，业余又爱搞事的我曾用报纸打版做了几次。

牛皮纸（汉服手工 供图）

三、结语

手工娘的汉服制作路就是这么简单啦，既然想自己做汉服，就不用多想什么，去做吧！然后开脑洞，利用手头能利用的工具。逐渐地在制作中查漏补缺，需要什么工具买什么。总的来说，准备一台缝纫机、裁缝剪、电熨斗、大头针、划粉、直尺，就能满足日常做汉服了。其实，只要准备好一双手和决心，开始做汉服，真的特别简单！

汉服相关书籍阅读指南[72]

文：空心砚

随着汉服曝光率的增高，有兴趣进一步了解它的人越来越多，良莠不齐的网络资料对汉服问题的解答能力愈显局限，不少人开始将目光转向与汉服相关的书籍，希望静下心来更深入地了解这一被人遗忘良久的传统文化，但名目繁多的各类出版物实在让人眼花缭乱，不知从何处下手。

因此我们对各省地级图书馆的馆藏资源进行初步统计后，将现有的汉服相关出版书籍分成"汉服、通史、专题、延伸"四大类。

它们分别对应初识汉服、了解汉服、理解汉服和深入理解汉服四个认知阶段，多有不足，仅供参考，希望能对大家的汉服相关书籍阅读有所帮助。

一、汉服类·初识

即直接以汉服为主题的出版书籍。这里的汉服指的是现代汉服复兴运动中的"汉族民族服饰"，书中绝大部分内容都是围绕这一概念展开。

比如蒋玉秋等人的《汉服》，这是第一本直接以汉服为主题的出版书籍，作者是北京服装学院的教师，以服饰文化研究为擅长，书中包罗了汉服的历史、复兴、制作及穿着礼仪等等各方面内容，尽管距离首次出版已过去近十年的时间，这本书在今天依然是本比较不错的入门读物，有助于初识者对现代汉服概念初步形成一个相对全面的认识。

再如汉服运动资深参与者杨娜编著的《汉服归来》，2016 年通过众筹形式成功出版，是目前最新的一部汉服主题著作，作者同时也是《汉服运动大事记》的整理人"兰芷芳兮"，书中内容似乎也延续了《汉服运动大事记》的路

---

72 本文选自微信公众号"汉服图书馆"，收入本书时有修订。

线，相比汉服本身，更侧重于记录汉服复兴运动的发展过程，这与其作为社会学博士的学术背景或有一定关系。因此这本书其实更适合在对汉服本身有了一定认识的基础上，透过汉服的社会现状进一步思考其矛盾根源，从中获得关于汉服未来发展走向的启发。

另有西塘汉服文化周主编出版的《当代汉服文化活动历程与实践》，也可一读，书中主要有两个看点，一是 2014 年第二届汉服文化周主持调查、搜集、统计的《汉服组织名录》《2003—2014 新闻报道》《2014 年汉服运动发展状况调查报告》等信息合集，一是经过筛选收录的《汉服简考》《汉服运动：一场"新民"的运动》《浅谈汉民族传统服饰的概念》等经典文章。与前面两本书相比，这本书更像一本以汉服复兴为主题的资料集，可以作为入门过程中更深层次的读物，美中不足的是 2014 版中小错误非常多，2016 年的新版应该有了很大改善，但阅读过程中还是建议多加注意，尤其是统计的资料，参考为主，不可尽信。

该类目下可读性相对较强的书籍主要就是这三本了，此外还有《醒狮国学》的某期汉服专刊、《紫禁城·打开古人的衣箱》等杂志及《青青子衿》《新古典美学》等汉服主题画册，这里不再赘述。

二、通史类·了解

我不知道用什么词来概括这类书才好，它们的数量十分庞大，书名一般也都是"中国服饰""古代服饰""中华服饰"之类的庞大概念，常常能从草叶兽皮一直讲到旗袍马褂或时装，一翻开就是漫漫五千年、方圆千万平方公里的着装演变，只要是跟穿戴有关的，恨不得全都囊括进去，因此这里姑且借用历史学中的"通史"一词呼之。

这些书绝大多数内容都属于"汉族民族服饰"的研究范畴，但绝大多数作者都不会在书中明确"汉族"属性，往往是需要自己去辨别和区分的，所以它们即便再浅显也并非"零基础"读物。如果没有一定的初识过程做铺垫，读起来很容易把自己绕进去，不过一旦能坚持读完三四本，你对汉服的了解一定会发生质的变化，能够自己梳理出汉服历史的大致脉络，对其他同类书籍的撰写套路也能掌握一二，从而找到自己最感兴趣的某个方向继续深入探究。

以南京图书馆的馆藏为例，如《一读就懂的中国服饰简史》《中国服饰五千年》《衣裳中国·中国历代服饰赏析》《中国历代服饰史》《中国古代服饰》《中国服饰》《中国古代服饰史》《中国服装史研究》《中国服饰史话》《中国服饰艺术史》《中国服饰通史》等即属此类。

三、专题类·理解

如果把通史类的书比喻成食堂的大锅饭，那么专题类书籍就好比"开小灶"，它们会针对某个主题展开，如某个时间段、某些人群的着装，或服饰中的某些元素，有时候论述形式的不同也能形成不同的专题。众所周知的《Q版大明衣冠图志》就是典例，它既是一个断代史专题，也可以说是一个关于"汉服复原"的专题。

这类书显然是需要更扎实的知识储备才能真正消化的，必要时还得对通史类书籍有所复习，"了解"在这一过程中会进一步升华为"理解"。也许过去的很多疑惑都能顺势解开，时不时冒出恍然大悟的感觉，也有可能脑海里涌出更多的问题，产生更强烈地好奇心，督促自己不断深入下去。

以南京图书馆的馆藏为例，如分析一手资料的《中国历代〈舆服志〉研究》、区分人群的《中国历代帝王冕服研究》、区分朝代的《明朝首饰冠服》、服饰元素方面的《中国传统服饰图案与配色》、抽象内涵方面的《服饰与中国文化》以及工具书形式的《中国古代衣冠辞典》等等，均属此类。

四、延伸类·深入理解

它们的主体内容并不是汉服，但和汉服有交集，或者能给汉服研究一些启发，比如清朝、民国、近现代、同胞少数民族、其他东亚国家的服饰研究，以及戏曲、影视等表演艺术里的服饰论述，乃至欧洲服饰的历史探究。

这些书的视野会比前三类更开阔，而且大多都跟当下现状的联系十分紧密。如果说汉服是不曾真正消亡的，那么这三百多年它一定是在这些看起来不重要的地方隐藏下来的，比起通史类和专题类书籍中的各种文物信息，这里更有希望在蛛丝马迹中发现关于汉族民族服饰的活态信息。

仍以南京图书馆的馆藏为例，如《辫服风云·剪发易服与清季社会变革》《织机声声·川渝荣昌地区夏布工艺的历史及传承》《中国与东北亚服饰文化交流研究》《中国民族服饰变迁融合与创新研究》《中国京剧服饰》《汉衣冠（郑成功传电影文学剧本）》等等，看似与汉服关系甚远，实则暗藏一脉之亲。

现在网上有不少汉服相关书籍的电子书资源，虽然很便捷，但大多数人都只有下载的时候看了一眼，因为这些书毕竟不是小说，很难快速阅读和消化，也不便于随手记录和回顾，所以还是建议大家有条件的话，能尽量充分利用当地的图书馆资源，因为图书馆的书都是经过了分类的，寻找一本书的同时往往能偶遇更多本同类书籍，甚至有一些新发现，另外图书馆的氛围也确实比其他地方更容易让人进入阅读状态，是消化干货的一处胜地。

附录

汉服情思：汉服文章选读

衣殇[73]

文：汉服北京

> 有礼仪之大故称夏，有服章之美谓之华。
> ——《左传正义·定公十年疏》

服章回不来，华夏的真谛已少一半。

·春

今年立春时，北京还很冷。

不过也许是春节将近的原因，寒冷中总还有些淡淡的暖意。

找了个空闲，杀去南锣鼓巷。

北京有很多这样的小街，从小到大都爱去，

不为买东西，就单纯为了逛逛。

鹅黄色的上袄、宝蓝色的褶裙，外面加了一件白色的长羽绒服。

逛累了就找家小店坐下，喝杯热饮或者吃份点心。

"姑娘，你是哪里人？"店主问。

我愣了愣："……北京人啊！"奇怪了，我说话的时候有改不掉的京味儿，怎么会遇到这种问题……

"少数民族吧？"她说。

我忽然意识到她为什么这样说。低头看看羽绒服下露出的裙摆，金色莲花纹的裙襕还是很明显的。勉强地笑了笑："汉族……"

这是汉族的民族服装——这句本来应该脱口而出的解释突然哽住，没说出来。

·夏

夏季，是我最喜欢的季节，

因为有冷饮和西瓜。

当然，这是因为我生在 21 世纪……

367 年前，嗯，也就是 1645 年的那个夏天，

清军再下"剃发易服"令，

"留头不留发，留发不留头。"

清廷以"不从者斩"的残暴手段强制剥夺延绵千年的汉文化。

---

73 本文由北师大实验中学《走近汉服》选修课授课志愿者所作，发表于校内学生刊物《熏陶》2014年第五期。

真希望这是部电影,

如果这是部电影,它就会有个美满的结局,

暴政会被推翻、文化会被保护……

可是,历史终究不是电影……

扬州十日、嘉定三屠,

自古与"风流""多情"等浪漫词汇相关联的江南血流成河。

于是,在一百多年后,

朝鲜使臣进京,穿着由汉服演变的韩服,

百姓们纷纷围观,不知他们那美丽的服装是何物。

于是,在三百多年后的今天,

我们会理所当然地说:"汉族没有民族服装啊……"

我们会理所当然地想:"汉服?一个被历史淘汰的东西,何必找回来?"

历史淘汰?

被屠刀生生砍去的民族文化如果也算是"历史淘汰",

当年因不从而被斩的先人们,死,可能瞑目?

• 秋

秋季是个很有意思的季节。

它可以是喜悦的,因为丰收;

也可以是悲伤的,因为树叶的凋零透着萧索。

这两种情绪跟北京这个城市都没什么大关系,

这里体会不到丰收的喜悦,

树也很少,忙碌的人们也没什么时间去在乎地上的落叶。

对我来说,这是喜忧参半的一个秋天,

我在麦当劳遇到了一位英国大叔。

那天我穿着绣花袄裙,他很好奇地问我:"What's that?"

我告诉他:"That's my traditional clothes."

他说:"Wow, that's beautiful."

他又说:"I've never seen other Chinese wear like that before, they all wear the westren chlothes."

这很漂亮,我以前从来没有见过其他中国人这样穿,他们总是穿西方的衣服。

我是个死要面子的人,我解释说:"Well...actually...they wear it too, for the special time like Chinese new year."

"其实他们在一些重要的节日也穿,比如春节。"——我说谎了,其实基本没什么人这样做,大部分人甚至不知道这是我们的民族服装。

后来,他有些夸张地指着穿着"西方的衣服"的正在用餐的人说:Terrible! Terrible! Terrible!

好吧,为什么说喜忧参半?

这件衣服获得别人的认可是件好事,我们的文化获得别人的认可是件好事,

可是忍不住去想,连外国人都接受了,国人何时才能接受?

• 冬

冬天对我有个大事儿，

汉服北京的冬至活动。

十二月下旬的活动，往往从十一月就开始蹲守在百度汉服北京吧等召集贴……

其实呢，汉服北京每年有八次传统节日活动，

元宵、上巳、清明、端午、七夕、中秋、重阳、冬至，

冬至活动在我心里的分量格外重，

因为有换届选举，还有年终总结……

看着PPT去回忆这一年我们都做了什么，发生了什么搞笑的或是感人的事，

再听听参加竞选的同袍对下一年有什么计划，

总是很欣慰。

另外因为冬至活动时太冷，向来在室内，人数的增长一目了然。

怎么说呢，看着越来越多的人接受汉服、并且愿意共同努力普及汉服确实是个正能量。

冬天到了，春天也就不会远了吧！

相信总有一天，汉家衣裳会回归，

在人生重要的日子里，人们会乐于穿上它……

穿上它，见证成童礼、成人礼、毕业礼……

穿上它，记起它背后的民族精神与传统文化……

始于衣冠，达于博远；

岂曰无衣，与子同袍！

诗中服饰——带你领略汉服之美[74]

文：影子 siya

从文献和出土文物中，我们可以了解到很多从前的故事。下面我们就一起走进古诗中的服饰。

汉服是汉民族的传统服饰，经历了漫长的时代变迁，逐渐形成了特有的体系。从先秦时期到明末时期的断代，又到现在的汉服复兴，她一直存在我们的身边，未曾不见。

1

缃绮为下裙，紫绮为上襦。头上倭堕髻，耳中明月珠。

——《汉乐府·陌上桑》

诗中的上襦和下裙指的正是罗敷身穿的服饰——襦裙。除诗中描写了襦裙外，在打虎亭汉墓壁画中也有襦裙的记载。

---

74 本文选自微信公众号"汉服荟"，收入本书时有修订。文章内容整理自央视纪录片《古诗话服饰》。

华夏有衣

走进汉服文化

打虎亭汉墓壁画

　　图中右边的女子上身穿鲜艳的朱红色上衣称为"襦"，这是一种短上衣，衣领采用的是常见的交领，袖口宽大并且镶白边，她下身着的则是"裙"，指的是一种束腰长裙，浅色裙的下摆呈喇叭状，露出朱红色的中裤，脚上穿的是深色鞋子，整体看上去宽松舒适，雍容华贵。这种上衣下裙搭配组合的衣着样式是汉服中最为常见的，被称为襦裙。汉代的襦裙，上襦极短只到腰间，而裙子极长，以腰带束腰，呈现出一种上窄下宽的视觉感受。

2

长裙连理带，广袖合欢襦。胡姬年十五，春日独当垆。

——辛延年《羽林郎·昔有霍家奴》

诗中生动的描写出长裙搭配丝带，而宽大的袖袍与长裙相称的华美服饰。

3

回首当年汉舞，怕飞去漫皱，留仙裙折。恋恋青衫，犹染枯香，还叹鬓丝飘雪。

——张炎《疏影·咏荷叶》

　　不止罗敷这样的民间女子喜欢襦裙，汉成帝的妃子赵飞燕也喜欢襦裙。这里不得不提赵飞燕的留仙裙了。从文献上看赵飞燕的留仙裙与现代的百褶裙相似。马王堆汉墓出土的两件单裙长87cm，用四副素绢拼制而成，上窄下宽，呈梯形，裙腰的两端分别延长一截作为裙带以便系结。马王堆的出土文物让我们联想到留仙裙的美丽和飘逸。

4

腰若流纨素，耳著明月珰。足下蹑丝履，头上玳瑁光。

——《汉乐府·孔雀东南飞》

　　马王堆不止出土了许多华美的衣服，还有很多主人用的物品。蹑（niè）丝履指的是丝质的绣花鞋。古人有把用上等材质制成的梳篦插在头上当饰品的习惯，玳瑁指的就是梳篦了。如果说襦裙展示的是女子清丽灵动之感，那么深衣展现的是雍容华贵和大气之感。

深衣是指一种长衫，把上衣下裳连在一起，包住身子使身子深藏不露，因而得名。深衣分为直裾深衣和曲裾深衣。其特点是交领右衽，续衽钩边。曲裾深衣指的是衣服的后片更长，加长后的衣襟形成三角，穿衣时，三角形的衣襟几经转折，绕至臀部，然后用绸带系束。

如河北满城汉墓中出土的长信宫灯，灯体造型就是身着曲裾深衣的宫女。马王堆出土的曲裾长袍，都可以达到行不露足的效果。汉早期的衣服多为曲裾深衣，原因是早期的裤子无裆，需要曲裾的遮挡，随着时间的推移，服饰的完备，产生了简洁的直裾深衣，曲裾深衣渐渐地淡出了历史舞台。

5
扬之水，白石凿凿。素衣朱襮，从子于沃。既见君子，云何不乐？
——《诗经·国风·唐风·扬之水》

此诗中出现的素衣朱襮指的就是深衣。

汉阳陵出土的彩绘侍女俑，身材比例匀称，发式前额中分，身上穿着的正是诗中描述的红边深衣，衣领领口极低，露出中衣，穿深衣时，每层领子必须外露，这是深衣的一个特点。

愿下一个十年，汉服是你我的骄傲 [75]

文：风雪初晴古风手工

昨晚我和母亲的日常通话里，她忽然话锋一转，讲到了汉服。我心中咯噔一下，难道是我在工作室买买买的事情暴露了？

"我今天在逛超市啊，看到有个姑娘穿的，就是你说的那什么汉服。好多人都看着她呢。"

"哦，原来是这样啊。"我松了一口气，心想，不就是穿个汉服嘛，有什么好讲的，继而心中忽而一抖，鼻子有些发酸。

我老家是在一个极小的县城，经济发展缓慢，一般新事物变成旧事物后才能传播到那里。所以能有这一幕，实在不能不让人感动。

中华民族，不是一个赤裸的民族——我们有自己的传统服饰。

大概是很久之前吧，不记得是在哪里看到的一句话，其大体意思却在我脑海中挥之不去——十多年前人们把汉服叫古装，十多年后人们把它叫汉服。在不了解的人眼中，这句话并没有什么特殊含义，但共走过这些年岁的人，就知道，踏出这样一个并不是很完美的一小步，是如何来之不易。

仔细想想，时间快的可怕，那个懵懂求知问形制的我们仿佛还在昨天，路人口中的"和服""韩服"还在脑海回旋。只是一刹的事，《实施中华节庆礼仪服

75 本文选自微信公众号"汉服荟"，收入本书时有修订。

装服饰计划》的文章也刷遍了各大社交软件。在面对父母，朋友，老师，同学……或是陌生人的异样眼光之时，我们比之前更有底气了。

这个十年，我们终于获得了一份来自中央的发声，那么下一个十年呢？

俗话说，先定一个小目标嘛。

愿下一个十年，你已经找到了自己深爱的另一半。在你一生中最美好的那一刻，除了西式的婚礼，你还能有其他选择：妆罢低声问夫婿，画眉深浅入时无——而你的所有宾客送上最真挚的祝福，对于你的选择，他们并不感到惊讶，而是说：你今天真是美极了。

是啊，传承于血脉的东西，属于我们自己的东西，为什么要感到惊讶呢？

愿下一个十年，你继续着你平淡幸福的生活，却又与其他时候有所不一样。当你穿着汉服辗转花草间，对面阳台有个穿着汉服的姑娘，对你微微一笑，你看了一下自己身上的裙子——哎呀呀，和她撞衫啦。

这是汉服日常，却不会是你一个人的日常。

愿下一个十年，你来到常去的咖啡厅，静静看着外面的风景，或是静静成为别人的风景。你在几天几月或者几年——反正是此刻之前，知道并了解了汉服，你可以毫不犹豫穿你想穿的，做你应该做的传承，不会再害怕别人的眼光，担心他人的否定——穿汉服，这是多正常的一件事啊。

愿下一个十年，你已经去了梦寐已久的学府，行走在藏书之间，四下寂静。而当你身穿汉服前来阅读之时，一切都如往常一样，无人侧目，无人轻声议论，大家都在有序地做着应做的事，反而你的心中却因为这寻常的一幕，久久无法平静。

愿下一个十年啊，年华正好，时光恰当，你遇见了值得深爱的人。终于在某一天，你鼓起勇气，内心忐忑，穿着自己喜欢的汉服去见他，他可能不是很了解——但他支持并理解你。

愿下一个十年，你流连于大街小巷的饰品店，和往常一样寻找自己喜欢的精致小饰品，或是一对造型精良的耳环，或是一两个配色可爱的小挂饰……

而身着汉服的你，并没有听到"古装""拍戏""穿越"的字眼，反而还有一个穿着时髦的姑娘上前搭讪，问你衣服是不是某某商家的，质量和版型感觉如何如何——这是一件寻常却又特殊的衣服，而且这件衣服，它值得被尊重。

愿下一个十年，同其他普通游客一样，你在锦绣河山走走停停——而你终会有点厌倦这种生活，你会觉得，生活里仿佛缺失了什么。

直到在某一天，你于林野寂静，奇石鸣泉，忽然遇见一个穿汉服的姑娘。你在见到那一身的刹那，竟理解了羁绊一词的含义，而这个词所带来的千丝万缕的传承，影响着你此后的光阴。海纳百川，有容乃大，五千年的古国能容下外来的文化并不断收为己用，怎么会容不下一件本来就属于自己的衣裳呢？她只是需要时间啊，我们静心等等，再等等……

愿下一个十年，当提及传统节日时，你我除了对假日到来之际的开心以外，最期待的还是穿上悉心收护的汉服，和伙伴一起做一些传统的活动。

不会再有人围观，更不会有报纸和电视台前来，把它当作一件"复古"的新鲜事进行采访报道——这是多么寻常的一件事，家家户户都在进行的传统庆祝而已。

华夏有衣

走进汉服文化

最可笑的就是相对不相识，从前有人烧毁她、错认她、诋毁她、否认她、甚至想要彻底毁灭她……她经历过这个民族、这片土地所经历过的一切——而她又将如同这个国家一样，顽强的生长，一直生长下去。

愿下一个十年，你和初心都在，彼时风雪已寂，你我共看，天地初晴。

也愿每一个看过这篇文章的人，无论是否了解，都请谨记，这是中华民族的传统文化，这是属于中国的骄傲，也会是世界的骄傲，更是属于你的骄傲！

汉服出行日（汉服北京供图 绘图：幽明黑猫 文字：邹小虞）

衣冠上国今犹在——汉服资料拓展

文：何志攀 姜晓媛

中国服饰历史悠久、资料丰富。对中国服饰史的研究也是成果众多。汉服复兴以来，众多社会热心人士更是把服饰及其承载的文化，从学术研究的领域，推广到社会生活中来，从而产生了大量的文章、宣传视频、纪录片、歌曲等。为了能深入了解汉服及其承载的文化，这里简要列举一些资源。

纪录片

1.《新青年——矢志青春》，视频来源：CCTV-9 纪录频道

2.《锦绣纪》，视频来源：CCTV-9 纪录频道

第一集《穿梭》；第二集《引线》；第三集《采桑》

3.大型纪录片《南宋》，视频来源：浙江卫视

主题曲：《青玉案·元夕》，演唱者：哈辉

第一集《遥望中原》；第二集《临安梦华》；第三集《诗词流域》

第四集《宋画江山》；第五集《戏文南北》；第六集《发明时代》

第七集《回望未来》

4.《穿在身上的历史》（上）（中）（下），视频来源：CCTV-10《探索·发现》

231

5.《穿在身上的中国》，北京大陆桥文化传媒股份有限公司

第一集《桑麻》；第二集《布衣》；第三集《霓裳》；

第四集《锦绣》；第五集《子衿》；第六集《匠心》

6.《了不起的匠人》第二季《香港仔的汉服梦》《穿越两千年的蜀锦密码》《团扇狂人的碎碎念》，知了青年（中国）文化有限公司

电影：

1.《英雄郑成功》导演：吴子牛，上映时间：2000 年

2.《柳如是》导演：吴琦，上映时间：2012 年

3.《听见下雨的声音》导演：方文山，上映时间：2013 年

4.《大明劫》导演：王竞，上映时间：2013 年

5.《绣春刀》导演：路阳，上映时间：2014 年

6.《荡寇风云》导演：陈嘉上，上映时间：2017 年

7.《青春没有彩排》导演：刘明亮，上映时间：2018 年

微电影

1.《秘密》导演 / 编剧：谢爱民，制片人：谢爱民、李凯迪，2014 年旧金山亚洲学生微电影节入围微电影

2.《关雎》出品：中国传媒大学动画与数字艺术学院

3.《锦瑟大明宫·太平公主》出品：锦瑟映画工作室

4.《忠良》出品：北京控弦司

5.《华夏·梦》出品：宁波龙泰影视公司，服装提供：浙大宁波理工学院子衿汉服社和宁波诺丁汉大学爱中华文化社

6.《如梦令》出品：墨舞天下

7.《碎玉》出品：木华影像

8.《与子偕行》编导：小鸟

9.《超时空爱情逆行》出品：粤拍粤掂工作室

宣传视频：

1.《华夏霓裳》，出品：琴瑟汉婚

2.《不是古装，不是穿越》，制作：中华汉韵社

3.《汉服运动的爱国式》，制作：百度汉服吧

4.《传承》（汉服复兴运动纪录片），导演：张镇赢、张玥

5.《且看吾辈》，制作：百度汉服吧

6.《汉服的摩登时代》，出品："百部看四川"微视工程办公室

7. 少年朗诵汉魂三部曲：《你的祖先名叫炎黄》《华夏有衣、大美汉服》《重回汉唐》，制作：琴瑟汉婚

歌曲：

1.《重回汉唐》词 / 曲 / 演唱：孙异

2.《汉家衣裳》词/曲/演唱：孙异

3.《执手天涯》词：天风环珮（溪山琴况）、蒹葭从风，曲/演唱：孙异

4.《汉服青史》词：方文山，曲：周杰伦，演唱：常思思

5.《礼仪之邦》词/曲：安九，演唱：HITA、叶里、安九

6.《华夏未央》词/曲/演唱：严晴

7.《盛世汉韵》词：孟基林，曲：黄天信，演唱：王俞之

8.《汉服华韵》曲：龙文，演唱：Cindy 笙歌，MIX：空气，词：七手

9.《华夏衣裳》词/曲：小遥，演唱：小遥 绛雪

10.《东瓯古韵》词：旧渔，曲：素容、一君，演唱：sally 田田

网站：

1. 百度"汉服"吧

2. 百度"汉服制作研习"吧

3. 百度"汉服发型"吧

4. 百度"汉服配饰"吧

5. 百度"手工汉服"吧

6. 百度"汉服漫画"吧

7. 百度"汉服商家"吧

8. 天汉民族文化网

app：

1. 汉服荟

书籍：

1. 古代服饰史

（1）沈从文：《中国古代服饰研究》，上海书店出版社，2011 年

（2）沈从文、王孖：《中国服饰史》，陕西师范大学出版社，2004 年

（3）周锡保：《中国古代服饰史》，中央编译出版社，2011 年

（4）孙机：《中国古舆服论丛》，文物出版社，2001 年

（5）孙机：《中国古代物质文化》，中华书局，2014 年

（6）孙机：《华夏衣冠——中国古代服饰文化》，上海古籍出版社，2016 年

（7）周汛、高春明：《中国衣冠服饰大辞典》，上海辞书出版社，1996 年

（8）孙晨阳、张珂：《中国古代服饰辞典》，中华书局,2015 年

（9）陈雪亮：《唐五代两宋人物名画》，西泠印社出版社，2006 年

（10）孟晖：《中原女子服饰史稿》，作家出版社，1995 年

（11）马大勇：《霞衣蝉带：中国女子的古典衣裙》，重庆大学出版社，2011 年

（12）刘瑞璞、陈静洁：《中华民族服饰结构图考（汉族编）》，中国纺织出版社，
2013 年

（13）周天：《中国服饰简史》，中华书局、上海古籍出版社，2010 年

（14）赵超：《衣冠五千年》，济南出版社，2004 年

（15）撷芳主人：《Q版大明衣冠图志》，北京大学出版社，2016 年

（16）中国妆束复原团队：《中国妆束：中国妆束复原团队作品集》，辽宁民族出版社，2014 年

（17）汉晋衣裳编委会：《汉晋衣裳》第一辑，辽宁民族出版社，2014 年

2. 汉服研究

（1）蒋玉秋、王艺璇、陈锋：《汉服》，青岛出版社，2008 年

（2）中华艺文梓辑小组：《新古典美学：汉服女装篇》，辽宁民族出版社，2014 年

（3）方文山：《当代汉服文化活动历程与实践》，北京方道文山流文化传媒，2014 年

（4）康晓光：《中国归来——当代中国大陆文化民族主义运动研究》，新加坡世界科技出版社，2008 年

（5）杨娜（兰芷芳兮）：《汉服归来》，中国人民大学出版社，2016 年

3. 传统礼仪、文化

（1）（宋）聂崇义：《新定三礼图》，清华大学出版社，2006 年

（2）（明）《大明会典》（全五册），（明）李东阳等撰，（明）申时行等重修，广陵书社，2007 年

（3）（明）《明宫冠服仪仗图》，北京燕山出版社，2015 年

（4）（明）王圻、王思义：《三才图会（全三册）》，上海古籍出版社，1988 年

（5）钱玄：《三礼通论》，南京师范大学出版社，1996 年

（6）钱玄、钱兴奇：《三礼辞典》，凤凰出版社，2014 年

（7）钟敬文：《中国礼仪全书》，安徽科学技术出版社，2000 年

（8）彭林：《中国古代礼仪文明》，中华书局，2004 年

（9）彭林：《中华传统礼仪概要》，高等教育出版社，2006 年

（10）马汉麟：《中国古代文化常识》，新世界出版社，2007 年

（11）徐杰舜：《汉族风俗史》，学林出版社，2004 年

（12）孙机：《从历史中醒来：孙机谈中国古文物》，生活·读书·新知三联书店，2016 年

（13）马大勇：《青闺爱巧：中国女子的古典巧艺》，重庆大学出版社，2013 年

（14）解爱芹：《中国历史穿越指南》，光明日报出版社，2013 年

（15）柳馥：《先秦穿越生存手册》，中国长安出版社，2015 年

（16）张不叁：《秦朝穿越指南》，陕西师范大学出版社，2016 年

（17）森林鹿：《唐朝穿越指南》，北京联合出版公司，2013 年

（18）森林鹿：《唐朝定居指南》，北京联合出版公司，2014 年

（19）石悦（"当年明月"）：《明朝那些事儿》，浙江人民出版社，2011 年

后记

　　本书缘于笔者与汉服运动的相逢。2005 年我开始接触汉服文化，惊叹于汉服的美轮美奂与汉服所承载文化之博大精深，产生了将汉服文化引进中学课程的想法。从 2008 年起，我在北京师范大学附属实验中学相继主持开设了《中华传统礼仪文明》《走近汉服》等校本课程。其中《走近汉服》课程被评为 2012—2013 学年度"北京市基础教育课程建设优秀成果评选"一等奖。2013 年包括汉服、礼仪在内的"华夏文明"系列国学校本课程建设成为北京市西城区后备人才资助项目。在课程开发的实践中，形成了"中学教师 + 社会志愿者"的模式，即由中学教师设计课程和传授教育教学理念和方法，社会志愿者参与课程开发和讲授。第一批志愿者以大学生为主，随着时间的流逝和汉服运动的发展，早期的志愿者如今均已走上工作岗位，但仍然积极关注和支持着汉服课程的开展。同时，一批又一批大学生和社会热心人士作为新鲜血液参与到了我们的课程开发中来。

　　我们的课程也取得了良好的效果，许多同学在这里感受着中华优秀传统文化的熏陶，一些上过课的同学组建了汉服社团，许多校园活动中也出现了汉服的身影。就像在学生心中埋入一粒文化的种子，渐渐看到它在中学校园里生根发芽，同学们对汉服文化的喜爱也给我们带来了信心。为了更好地开展汉服文化的教育普及工作，我和我的同事与北京汉服协会（筹）（书中简称汉服北京）的志愿者们共同编写了《华夏礼仪智慧》《走近汉服》等校本教材。经过多年试用后，我们在原校本教材的基础上加以调整、充实，希望在立足教学实践的基础上，编写出一本适合中小学开展汉服课程，以及为广大社会人士普及汉服文化的读本。2014

年，笔者申请国家社会科学基金艺术学项目"非物质文化遗产青少年传承研究"课题的子课题"以汉服活动为载体的传统服饰礼仪文化青少年传承模式研究"也成功立项，该课题将于 2017 年结题，本书即为课题研究的重要成果之一。

本书的作者，仍由中学教师和社会志愿者两部分组成，即参与过课程建设的相关教师与"汉服北京"成员共同编写，并吸纳了许多热心人士共同参与。其中冯琳、何志攀、卢怡都有丰富的中学文科教学经验，并曾主持、参与过多门人文社科校本课程的开发。"汉服北京"的志愿者有杨娜（"兰芷芳兮"）、周君恺（"恺宝宝"）、钟莹（"犹影浅依"）、李岱（"钟离央"）、李萌（"墨青"）。此外，参与写作的社会志愿者还有青岛中国汉服博物馆馆长王忠坤（"齐鲁风"），深圳汉服同袍冯春苗（"喵喵"），新浪微博"半隐 Kune"、百度汉服吧"曹长君"、北京汉服同袍"挽明君"，北京中医药大学蝉衣汉服社姜凤、程钰、戴鸣萱。

本书具体分工如下：

主编：冯琳、何志攀、杨娜

副主编：卢怡、冯春苗

第一章　重回华夏　周君恺、何志攀

第二章　衣冠威仪　何志攀、卢怡

第三章　汉服传承　周君恺、何志攀

第四章　冠服制度　何志攀、"挽明君"

第五章　华夏霓裳（上）冯春苗、钟莹、姜凤、程钰、"半隐 Kune"、"曹长君"

第六章　华夏霓裳（下）冯春苗、钟莹、姜凤、程钰、"半隐 Kune"、"曹长君"

第七章　正冠纳履　李岱、卢怡、何志攀

第八章　汉服配饰　李萌、冯春苗、戴鸣萱

第九章　图案配色　王忠坤

第十章　校园汉服　何志攀

第十一章 衣冠之思　杨娜 何志攀

本书写作过程中参考了很多服饰史研究前辈如沈从文先生、孙机先生等的研究成果，部分考古简报，一些服饰类的论文等，希望这部集合了很多思考探索的书能给大家带来一些帮助。需要说明的是，服饰领域许多问题在理论上众说纷纭，在传承复兴实践中也做法颇多，本书尽量采用通行、常见说法。由于本书篇幅和写作时间有限，这些内容不能一一涵盖，选择取舍的考虑也未必周全。欢迎广大读者的批评指正，你们的鞭策将鼓励我们不断前行。

本书根据内容需要，经作者授权收录了一些文章，在此表示感谢：方哲萱（“天涯在小楼”）、“蒹葭从风”、王鑫、杨梦醒、“珩之”、李正剑（“书杀”）、姜晓媛（“清晴瑶儿”），以及北京校园传统文化联盟、汉服北京前临时吧务组。本书文稿和经授权收录的文章，其版权都属于其作者所有。

写作完成后，以下人士进行了审稿：云南省博物馆文物专业人员范舟，古代时尚文化研究学者马大勇，深圳汉服同袍“汉流莲”，北京中医药大学蝉衣汉服社张历元（“江橙子”）、姜晓媛，微信公众号“汉服图书馆”管理员“空心砚”，加拿大新斯科舍省汉服同袍王子扬，广州岭南汉服文化研究会秘书长陈桂贤（“慕容枫”）等。全书文字校对为冯琳、何志攀、卢怡、方翔。

书中采用了大量精美的图片，除作者供图以外，主要提供者是“汉服北京”的李晓璇（“月光里的银匠”）、皇甫月骅（“魁儿”）、“米需慎独”、“忍者便利屋”、“月影”、“掐指一算”、“毓受”、王琳舒等。北京如梦霓裳汉服店（书中简称“如梦霓裳”），北京礼乐嘉谟文化发展有限公司（书中简称“礼乐嘉谟”）李玉娟（“谟”）、吉与嘉（“周天晗”），昆明锦瑟文化传播有限公司（书中简称“锦瑟衣庄”）也为本书提供了大量图片。为本书提供图片的还有深圳地区诸同袍“鱼尾”、“稻香”、“希音居士”、梅雪、“踏板老师”、“老牛”、“板鞋”；天汉民族文化网“蒹葭从风”、“百里奚”；百度汉服吧“宋军遗民”、“南楚小将琥璟明”、“丝雨晨光”、“朝夕须恪勤”；北京师范大学珠海分校南嘉汉服社。此外，还要感谢汉服前辈“汉流莲”，同袍刘畅（“道隐东山”），绘本作家“燕王 WF”，新浪微博“永昌国王”，汉服商家“凤翥斋”，浙江同袍“碧落”，湖北同袍“梓萋”、“晓雨”，青岛汉服社周郑萍、郭云嘉，同袍“则远霄汉”，绘本作家初雯老师，国家博物馆馆员王溪，北京师范大学哲学院方翔同学，以及北京控弦司、明华堂汉民族服饰研发中心、江苏江阴延陵汉魂汉服社、北师大实验中学子衿汉服社等个人或社团，他们也都提供和授权本书使用相关图片。所有这些图片

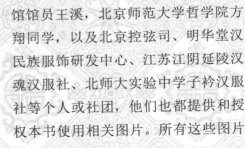

仅供本书写作使用，其版权都归其原作者所有。

何志攀、李松蔚、田成、蒋若禹、方翔承担了本书图片的搜集、整理工作。设计师运平承担了本书的封面设计工作。

本书写作过程中，"汉服北京"的庄旋（"鸿胪寺少卿"）、同袍"致虚斋主人"、广州岭南汉服文化研究会汪家文（"独秀嘉林"）、北京中医药大学"柯亭"，北京师范大学珠海分校南嘉汉服社杨诗韵同学等提供了相关资源和帮助。此外，潘鎏、孟瀚文、丁亚晨等参与了早期校本教材的绘图、审校等工作。

本书的最终完成离不开这些组织与个人的付出。

原国家总督学柳斌先生及原北师大实验中学校长袁爱俊女士在百忙中抽空为本书作序。柳老先生还欣然为本书题词。他们的不吝鼓励与对弘扬优秀传统文化的热心支持让后辈感激不尽。

我的同事、北师大实验中学吴荻老师为本书题写了书名，我的书法老师和好友余辉先生为本书题词，使得本书更为厚重与丰富。

本书的编写克服了重重困难，在各位热心人士的帮助下，最终得以完成。感谢所有参与本书编写和提供帮助的人员，正是因为有了诸位的辛勤付出，才有了这本凝结了我们共同情感的书。感谢我所任教的北京师范大学附属实验中学，正是学校良好的教育和科研环境，领导、同事的大力支持，学生的热情参与，汉服校本课程和汉服学生社团在这里不断发展。感谢开明出版社的领导和编辑的支持与辛勤工作，让这本经历了重重困难的书得以最终面世。感谢"汉服北京"和北京中医药大学蝉衣汉服社，多年来对汉服课程的支持和参与，才有了汉服文化走进中学的教学实践。感谢天汉民族文化网诸网友，在本书酝酿时的鼓励和支持，给了我极大的信心和勇气去开启这本书的写作。感谢小卢老师和春苗同袍，在写作最艰苦的时候，是你们的参与和支持让我支撑了过来。感谢腊肠等早期在北京做活动的同袍，你们是我参与汉服复兴的引路人。此外要特别感谢在汉服运动中做出重要贡献的天风环珮（已去世）、兼葭从风、百里奚等同袍，我的汉服知识启蒙很大一部分来自于你们所编写的汉服资料，至今犹记初识汉服的震撼与感动。

不忘初心，方得始终。汉服复兴已经十余年，但这一切却又才刚刚开始。愿以这本小书，作为汉服运动十余年的纪念和薪火相传的载体。

何志攀（宁馨何如）

2016 年 11 月 7 日立冬，于北京

修订后记

《华夏有衣》《华夏礼仪》的写作启动于 2015 年，从开始写作到 2018 年出版发行，这四年时间可以说是汉服复兴突飞猛进的四年。汉服复兴的出现了许多新发展、新气象，需要我们及时归纳总结。此外，汉服复兴较之其他传统文化领域，有其特殊的困境：汉服是被人为斩断的，特殊的历史让我们丧失了自然传承的服饰习惯。所以，当时隔三百多年后我们重拾这件美丽的衣裳时，必须要进行艰辛的挖掘、梳理、重建工作，这就导致了关于汉服的知识体系是不断发展变化的。我们也需要结合理论探究和实践探索的发展推进，及时更新，从而给读者提供更高质量的文本。

《华夏有衣》《华夏礼仪》出版之后，受到了广大读者的欢迎，尤其是各地汉服社团和微信群踊跃组织团购，这让我们深受鼓舞。同时也有很多朋友提出了许多中肯的批评、建议。本次修订结合各方面的反馈意见，对《华夏有衣》做了三方面的修订。首先是对第一次印刷文本中的文字、知识类讹误进行修订更正；其次是对汉服形制款式部分进行了大幅度的充实调整；第三是对第五篇和附录部分进行了内容的调整更换。下面重点介绍后两处修订。

汉服形制款式部分，即第三篇"服章之美"的充实调整。我们邀请到了天汉民族文化网的百里奚（叶茂）执笔、29（徐央）绘图。两位都是汉服复兴的资深参与者，坚持不懈，奋斗至今。我们比较了几种比较常见的现代汉服体系方案后，决定采用第一次印刷文本的基本框架，吸取近年来的新理念新认知，在内容上加以充实调整。本篇最后的拓展阅读"汉服的现代功用"，按照"便装－正装－盛装－仪装"的划分，提出了按使用场合划分的着装规范建议，深化了对现代汉服的认识。

这一部分有大量的同袍、商家提供了图片和文字资料的帮助。感谢以下同袍：蒹葭从风、东岛主人、梅雪无名、琥璟明、英伦汉风墨辰、京兆长安·琉璃、小生林子鸢。

感谢以下汉服商家：重回汉唐、锦瑟衣庄、菩提雪传统服饰、贞观唐荟要、洞庭汉风、鱼汤传统服饰工作室、缘汉汉服汉礼推广中心、成都临溪摄影有限公司。

第五篇和附录部分的调整更换。本书出版后，我们又进行了很多思考和探索，其中包括汉服社团建设和汉服日常生活两个重点问题。这次修订就将此前搜集整理的资料补充进来。我们邀请了北京师范大学珠海分校南嘉汉服社和汉服小怪兽传媒工作室，将网上著名的《汉服小怪兽汉服社团建系列》进行了调整、充实、改写，形成了新第十章"汉服社团"，从而为校园汉服的发展提供更好的帮助。原第十一章的内容更换为"汉服进阶"，介绍了汉服分类、购买、保养、手工制作等基本知识，努力将博大精深的汉服文化，转化为每个人的日常汉服生活，探索汉服如何真正成为我们"吃穿住用"中的自然选择。附录中梳理民族、文化的内容此次大幅度删减，一方面是由于篇幅有限，另一方面则是汉服复兴所引发的民族、文化思考还需要深入探讨，从而让衣冠复兴真正走向华夏复兴。我们准备在思考成熟之后，专门就这一问题进行系统论述。

新的第五篇和附录的完成，离不开以下同袍和团体的支持：北京师范大学珠海分校南嘉汉服社和汉服小怪兽传媒工作室，汉服手工博主汤簌簌，北师大实验中学子衿汉服社的夏艺萌，北京城市学院 BCU 国风汉服社的唐紫铭，汉服荟的楸月白、影子siya，微信公众号"汉服手工"的岁云（汉服手工娘），微信公众号"汉服图书馆"的空心砚，汉服北京的幽明黑猫、邹小虞，北京中医药大学的姜晓媛，以及重回汉唐、汉尚华莲、花朝记、汉嗣汉服、河汉涓埃、曦兮汉服、风雪初晴古风手工工作室等。为本次修订提供帮助的还有：微信公众号"汉服资讯"，北京校园传统文化联盟的霜寒，汉服荟的娜嬛萧萧、砚莲、遂意、贞臣寒蝉、花城田雨，重回汉唐的余墨余墨。此外要特别感谢重回汉唐的绿珠儿姐和汉服荟的阿犇兄，帮助我联系、搜集了大量的资料。

本书审校过程中，四川汉服的凤阁龙楼，天汉民族文化网的卧云斋及其学生们、水无痕、幸福生活等提供了许多审校意见。

此外，还要感谢开明出版社认真细致的工作。感谢北师大实验中学给予我们宽松和谐的学术氛围，感谢学校文化发展中心李军老师在初版的发行中给予我们的鼎力支持。

何志攀（宁馨何如）
己亥年正月初一新正，于攀枝花

图书在版编目（ＣＩＰ）数据

华夏有衣：走进汉服文化 / 何志攀，冯琳，杨娜著.
一北京：开明出版社，2017.7（2020.11重印）
　ISBN 978-7-5131-3209-1

Ⅰ．①华… Ⅱ．①何… ②冯… ③杨… Ⅲ.①汉族－民族服饰
一中国－青少年读物 Ⅳ.①TS941.742.811-49

中国版本图书馆CIP数据核字(2017)第069487号

责任编辑：支 颖　柴 星

出　版：开明出版社（北京市海淀区西三环北路25号青政大厦6层）
印　制：山东华立印务有限公司
开　本：1/16
印　张：16
字　数：320千
版　次：2019年6月 北京第2版
印　次：2020 年 11 月 北京第 3 次印刷
定　价：88.00元

印刷、装订质量问题，出版社负责调换货。联系电话：（010）88817647